식물성 도시, 피토폴리스

식물성 도시, 피토폴리스

식물성 도시, 피토폴리스

1판 1쇄 인쇄 2026. 2. 10.
1판 1쇄 발행 2026. 3. 1.

지은이 스테파노 만쿠소
옮긴이 김현주

발행인 박강휘
편집 태호 | 디자인 유향주 | 마케팅 김민준 | 홍보 이아연
발행처 김영사
등록 1979년 5월 17일(제406-2003-036호)
주소 경기도 파주시 문발로 197(문발동) 우편번호 10881
전화 마케팅부 031)955-3100, 편집부 031)955-3200 | 팩스 031)955-3111

값은 뒤표지에 있습니다.
ISBN 979-11-7332-536-6 03530

홈페이지 www.gimmyoung.com   블로그 blog.naver.com/gybook
인스타그램 instagram.com/gimmyoung   이메일 bestbook@gimmyoung.com

좋은 독자가 좋은 책을 만듭니다.
김영사는 독자 여러분의 의견에 항상 귀 기울이고 있습니다.

식물성 도시 피토폴리스
회색 콘크리트를 덮는
초록 혁명
스테파노 만쿠소
김현주 옮김
김영사

Phytopolis

불과 몇십 년 사이, 인류는 **선조들의 오랜 습성을 깨는 혁명을 경험하고 있다.** 지구 곳곳 자연 속에 묻혀 살던 우리 인류는, 자각하지 못하는 사이 한 단계씩, 1km씩, 서서히 행동반경을 좁혀 대부분의 것을 도심에만 집중시키기에 이르렀다. 단 몇 세대 만에 어디서든 살 수 있던 종에서 도시 생활에 특화된 존재로 변화한 것이다. 이는 12,000년 전에 일어났던, 수렵 채집인에서 농경인으로의 전환과 가히 견줄 만한 혁명이다.

우리는 지금 지구 전체가 아닌 도시에서 산다. 그로 인해 우리가 구상하고 건설하는 방식과 그 방식에서 파생되는 효율성은 단순한 도시계획을 넘어 모든 생명체의 삶에 영향을 미치고 있다. 우리 인간에게 도시에서의 삶은 수많은 영역에서 향상된 기능을 보장한다. 다시 말해, 에너지 소비부터 이동 수

단, 학교와 의료 시설, 직업의 기회와 문화적 기회에 이르기까지, 도시 환경에서는 모든 것이 더 효율적으로 작동한다. 동시에 자연에서 멀어진 것은 현대사회가 안고 있는 수많은 문제의 주요 원인이다.

화해 불가능해 보이는 도시와 자연 간의 이 갈등은 어떻게 해결할 수 있을까? 미래에 우리가 도시를 새로 만들든 혹은 기존 도시를 개조하든, 우리의 새로운 서식지 안으로 자연을 끌어들여 **식물성 도시**phytopolis, 그러니까 식물과 동물의 비율을 자연에서의 비율[식물 86.7%, (인간 포함) 동물 0.3%]에 가깝게 만들어야 한다. 즉 도시 면적의 상당 부분을 식물에 할당해야 한다. 현재 상황과 정반대로 해야 한다는 뜻이다. 인류의 미래를 위해 다른 생명체와의 관계를 재조정하는 일보다 중요한 일은 없다고 감히 나는 말한다. 그 생명체들 중에서도 우선은 식물과의 관계다.

인간과 식물의 관계는 다루기 어려운 주제다. 우리 대부분이 그 진정한 본질을 이해하지 못하지만, 한 단어로 설명할 수 있을 만큼 단순하기도 하다. 바로 '의존성'이다. 동물의 생명은 식물의 생명에 달렸다. 식물이 없다면 어떠한 동물도 생명을 유지할 수 없다.

20세기 초 러시아의 식물학자 클리멘트 티미랴제프 Kliment Timirjazev가 '식물은 태양과 지구를 연결하는 고리'라고 절묘한 정의를 내린 바 있다. 식물은 광합성을 함으로써 태양의 빛 에너지를 화학 에너지(당류)로 전환하여 동물이 생명을 유지하고 번식할 수 있게 하는 기적의 결과를 만들어낸다. 물과 빛, 이산화탄소를 이용해 당류와 산소를 생산하는 광합성은 진정한 생명의 원동력이다.

이보다 중요한 것은 없다. 우리는 모든 것을 식물에 의존한다. 식물은 먹이사슬의 기초를 이루고 우리가 들이마시는 산소를 생산한다. 그런데 우리는 화석 에너지(석유와 석탄 등)가 식물 화석에서 비롯되었으며, 의약품의 주성분과 섬유 직물, 건축 자재(목재) 대부분의 출처가 식물이라는 사실을 간과하는 경우가 많다.

이 모든 사실로도 아직 충분하지 않다면, 식물이 우리의 고향이라는 점도 생각해보자. 말 그대로다. 우리 선조들은 수목인(나무에서 살던 사람들)이었고, 우리와 가장 가까운 인척 관계에 있는 영장류들은 지금까지도 그렇게 사는 경우가 많다. 나무의 줄기나 가지, 잎에 대한 오랜 친숙함은 우리가 상상하는 것보다 더 깊은 영향을 미쳤다. 어떤 의미에서 보면, 우리 몸은 전체적인 구조에서 우리가 인간의 전유물이라 생각하는 특징에 이르기까지, 수목의 기원을 충실하게 반영한다. 전방으로 향한 양안의 시야와 물건을 잡기에 적합한 팔과 손, 이동하기에 적합한 발과 다리, 직립 자세, 발톱 대신 손톱이 달린 손가락, 우리가 지문이라고 부르는 손가락 끝의 융기 등은 영장류가 나무 위에서 살 수 있도록 진화한 변화들로, 이는 인간의 역사에 큰 영향을 끼쳤다. 혹시 당신은 나무에 오르고 싶다는 원초적 충동을 느껴본 적이 있는가? 그렇다면 나무의 줄기가 이동하기 매우 어려운 환경이라는 것을 알 것이다. 나무의 생산적인 부분이 위치한 줄기의 끝부분 쪽으로 갈수록 가지와 잔가지가 점점 더 가늘어지고 복잡하게 얽혀 있어서 끝까지 올라가기가 어렵다. 이러한 조건에서 양안의 시야를 갖게 되면, 거리를 잘 가늠해서 더 안전하게 이동하는 데 도움이 된다. 직립한 몸과 물건을 잡기 편한 팔은 나무의 줄기와 가지 사이로 올라갈 수 있게 해준다. 마지막으로, 손톱이 보호하고 있는 부드러운 쿠션 같은 손가락을 장착한 인간의 손은 열매와 잎이 달린 가장 가느다란 가지도 잡을 수 있게 한다. 나무에서 살기에 적합한 바로 이 손 때문에 인간은 도구를 만드는 능력을 키울 수 있었다.

나무는 우리를 인간답게 만드는 많은 것의 근원이다. 수백만 년 동안 우리 조상들이 나무 그늘 아래에서 살면서 이 녹색 환경에 대응하여 자기 몸의 형태를 다듬었을 뿐 아니라, 나무 덕분에 최초의 거처와 도구를 만들 수 있었기 때문이다. 인간은 식물과 함께 진화해왔고, 언제나 식물이 생태계 전체를 대표하는 환경에서 살아왔다. 진화론적 차원에서 이러한 관계는 아주 최근에서야 파손되기 시작했다. 우리는 몇십 년 전부터 컴퓨터 모니터 앞에서 시간을 보내고, 3~4세대 동안 전등이 비추는 방 안에서 지냈지만, 그전에는 거의 5백 세대 동안

   식물성 도시, 피토폴리스

농부였고, 2만 세대 동안은 자연 세계, 그리고 그 대부분을 차지하는 식물과 밀접하게 연결된 수렵 채집인이었다. 2만 세대나 되는 인간의 역사가 그냥 지나온 것은 아니다. 식물과 함께 살았던 그 2만 세대는 농업과 문명이 시작된 이후의 5백 세대보다 우리 인간 존재에 훨씬 더 많은 영향을 미쳤다. 녹색을 한번 생각해보자. 녹색은 우리 인간이 가장 많은 색조를 인식할 수 있는 색이다. 우리의 눈이 다른 어떤 것보다 더 상세하게 식물의 색을 능숙하게 구분할 수 있다는 점은, 마치 우리 역사의 뿌리 자체가 우리의 시선이 어디를 향해야 하는지를 암시하는 것 같다. 30만 년 전과 마찬가지로, 지금도 우리의 생존 능력은 식물에 달렸다. 사실 우리의 이야기는 식물과의 관계에 관한 것이지만, 우리는 인간이 자연 밖에, 정확히 말하면 자연 위에 있는 종이라 생각하면서 식물을 우리의 시야에서 지워버렸고, 우리가 의존하는 식물계를 보지 못하고 있다.

간단히 말해, 식물과 우리의 관계는 결코 단순한 음식이나 에너지 의존에만 국한된 게 아니다. 어떻게 정의하든 매우 긴밀한 관계 속에서 식물의 작용은 우리 삶의 모든 측면에 매우 강한 영향을 미치고 있다. 도시를 건설하거나 이해하는 방식을 바꾸는 데에서도 우리보다 먼저 숲을 거처로 삼아 살았던 그 2만 세대의 이야기에 귀 기울이는 일은 너무도 중요하다. 급격한 변화의 시대에, 저항과 적응 능력이 핵심 가치가 되는 현재, 우리 도시를 확산된 유기체이자 다른 생명체와 공동체를 이루는 존재로 상상하는 것, 즉 식물처럼 건설된 식물성 도시로 상상하는 것은 우리 인간과 지구에 엄청난 혜택을 선사할 수 있다.

01

인간은 만물의 척도?

인간은 만물의 척도다. 존재하는 것은 그 존재함으로, 존재하지 않는 것은 그 존재하지 않음으로. **이 말을 적어도 한 번쯤은 들어보았을** 것이다. 고대 그리스의 소피스트 프로타고라스Protagoras가 이 문구를 통해 정확히 무슨 의미를 전하려 한 것인지에 대해서는 오랫동안 논쟁이 있었다. 거의 확실한 것은, 여기서의 '인간'이란 인류보다는 하나의 개인을 지칭하는 쪽에 가까웠다는 것이다. 우리는 각자의 감각을 통해 인지하며 척도를 갖게 된다. 그러니까 우리의 감각을 통해 아는 것이 우리에게는 진실인 것이다. 그런데 지금의 우리는 이 문장을 매우 자유롭게 해석하여, 인간이 세계를 측정하는 유일한 척도라는 개념으로 받아들이는 경향이 있다.

도시와 식물에 대해 이야기하는 책에서 대체 무슨 연

관이 있어 프로타고라스를 꺼내는지 의아할 것이다. 이유는 간단하다. 아직 생물학적 배경도 없고 과학적인 근거도 없는 상태이지만, 만물의 척도로서의 인간에 대한 개념은 어떻게 하여 그렇게 널리 퍼지게 되었을까? 그리하여 우리 문명의 거의 모든 측면을 형성할 정도로 인류에게 중요하게 되었을까? 이 점에 관해 이야기하는 데 좋은 출발점이 될 것 같아서다. 어떤 의미에서 이 사상의 가장 놀라운 점은 완전히 잘못된 전제에 기반하고 있음에도, 그 믿음이 우리 주변 현실을 실제로 형성해 왔다는 사실이다. 우리는 우리 자신(만물의 척도)이 설계된 방식에서만 영감을 받아 이 사회부터 조직과 도시에 이르기까지 모든 것을 만들어냈다. 그렇게 우리의 상상과 유사성에 비추어 격정적으로 모든 것을 구현하는 사이, 다른 수많은 유기체의 작동 방식을 관찰하는 일은 등한시했다. 수억 년간 진화를 통해 생성되고 실험 과정까지 거쳐 훨씬 더 효율적이고 견고하며 창의적인 경우가 종종 있는데도 말이다.

이러한 한계는 무엇에서 비롯된 것일까? 어째서 우리는 인간 이외의 다른 생명체가 제공하는 수많은 체계적인 가능성을 제대로 인식하지 못하고 있을까? 개인적인 생각으로는, 우리와 일치하지 않은 모든 것에 고질적인 적대감을 갖고 있는 것이 그 원인 중 하나가 아닐까 한다. 친숙하다는 느낌에서 벗어날 때마다 우리는 잘못되었거나, 심지어 위험하다는 인식까지 갖게 된다. 우리의 뇌는 아주 미세한 차이만 있는 여러 방법 중에서 선택하는 것을 좋아하지 않는다. 우리는 기본적으로 이원적이고 단순하며 경제적인 방식에 따라 진행하는 경향이 있기 때문이다. 인간을 포함해 동물은 선택의 여지가 너무 많은 것을 좋아하지 않는다.

슈퍼마켓에 가서 선반에 진열된 수많은 유사 제품 중에서 선택해야 할 때를 생각해보자. 일반적으로 우리는 선택의 폭이 넓을수록 우리가 찾는 것에 더 가까운 대안을 찾을 가능성이 커진다고 가정한다. 그래서 기업들이 알아차리기도 어려울 만큼 작은 부분만 바꾼 새 제품들을 계속해서 내놓으려 하는 것이다. 옷, 커피, 식품 등 상품 종류에 상관없이 이러한 경향을 띠고, 모든 제품이 '내가 당신이 찾는 바로 그것'이라고 주장한다. 그런데 실제로는 거의 그렇지 않으니, 이를 두고 '선택의 역설The paradox of choice'이라 한다.

2000년 컬럼비아대학과 스탠퍼드대학의 교수 두 명이 캘리포니아의 식품 시장에서 고객들이 보이는 행동에 대한 연구[1]를 발표한 적이 있다. 이들은 윌킨앤드손스 사의 잼 시식대를 마련하고, 몇 시간에 한 번씩 24개의 잼과 6개 잼을 번갈아가며 설치했다. 고객들은 잼의 개수와 상관없이 평균적으로 두 개의 잼만 시식했다. 이 테스트를 통해 두 교수는 24개의 잼을 진열한 거대한 시식대가 고객들의 흥미를 더 많이 유발했지만(소규모 시식대보다 더 많은 사람이 몰려 길게 줄을 섰다), 시식을 한 고객 중 단 3%만 한 병씩 구입했으며, 선택의 폭이 좁은 소규모 시식대의 경우 구입 결정 비율이 30%로 높아진다는 사실을 밝혀냈다. 그뿐만 아니라 더 많은 샘플이 놓인 시식대는 소규모 시식대에 비해 고객들의 만족도가 더 낮았다. 즉 선택지가 너무 많으면 논리적으로 예상되는 것과 반대되는 반응을 보인 것이다.

분명 당신도 너무 많은 선택지와 마주했을 때 이러한 선택 장애를 경험한 적이 있을 것이다. 내가 어릴 적의 기억을 떠올려보면, 만화책을 사러 대형 서점에 가면 그 많은 책 앞에서 어느 하나를 선택하지 못하고 몇 시간 동안 각 만화의 장단점을 평가했었다. 당시 내가 몇 시간 동안 그 자리에 묶여 있었던 것은, 어떤 것을 선택했을 때 선택하지 않은 다른 것이 더 나을 수 있다는 생각 때문이었다. 그래서 나중에는 대형 서점보다는 선택지가 별로 없는 동네 작은 서점을 더 선호하기에 이르렀다. 그곳에서 아주 평온하게 선택한 두세 권의 만화가 오히려 훨씬 만족스러웠다. 물론 수많은 책을 갖춘 대형 서점에서는 결코 집어 들지 않았을 책들인데도 말이다. 당신은 어떨지 모르지만, 식당에서 음식을 주문할 때도 그와 비슷해서, 나는 가능하면 다른 누군가가 메뉴를 선택하는 수고를 하도록 기다렸다가 그의 뜻을 따른다. 요즘도 나는 수많은 추천 메뉴 앞에서 망설인다. 음식점이 정말 나를 배려하려 한다면 선택지를 줄여야 할 것이다. 그러는 편이 식당 측의 수고도 줄이고 내게도 평온을 줄 것이다.

    식물성 도시, 피토폴리스

요컨대, 우리 뇌는 현명한 결론에 이르기까지 수많은 매개변수가 각각 기여하는 바를 정의 내릴 수 있을 정도로 계산 능력을 충분히 갖추지 못했다. 이와 같은 평가에 필요한 에너지 낭비는 보통 우리 뇌의 프로세스를 완전히 방해한다. 그래서 우리는 수많은 가능성 중에서 선택하는 것보다 선택하지 않는 것을 선호한다. 그렇다고 이것이 나쁘다는 말은 아니다. 매번 제시되는 수많은 선택지를 분석하는 데 시간을 써야 한다면, 선택의 자유란 것이 분명 우리에게 생각만큼 크게 다가오지 않을 것이다.

이제 인간 이외에 우리와 함께 이 지구를 공유하는 수많은 생명체를 생각해보자. 식물이 전체 생명체 중 무려 86.7%를 차지하고, 곰팡이는 1.2%(낮은 비율인 것 같지만, 고작해야 0.3%밖에 되지 않는 동물 전체에 비하면 네 배나 많은 수치다), 나머지는 미생물이 차지하고 있다.[2] 우리와 지구를 공유하는 인간 이외에 엄청난 수의 다른 생명체는 우리 뇌의 데이터 처리 능력을 걷잡을 수 없을 정도로 과부하시킬 수 있는 요소다. 그렇기 때문에 식물과 곰팡이, 심지어 우리와 매우 유사한 동물조차도 보지 못하는 것이다. 진화론적 관점에서 성공적인 것으로 나타나는 그 뛰어난 모델들을 보지 못하는 이유는, 우리의 뇌가 단순하고 경제적인 이분법적 사고로 인해 현실을 단순화하여 (낮은) 계산 능력의 한계 내에 맞추려 하기 때문이다. 우리는 결코 이러한 다른 형태의 생명체를 모두 고려할 수는 없을 것이고, 우리와 닮지 않은 것은 모두 문제의 범위에서 배제하여 사실상 고려하지 않고 있다. 이것도 못 본 척, 저것도 못 본 척하면서 우리 지식의 지평선에서 그 많은 생명체를 사라지게 했고, 결국 우리가 유일한 존재가 되었다.

　　　현실에 대해 이토록 왜곡된 관점이 좋은 방향으로 흘러갈 수 없다는 것은 분명하다. 단순화는 원래 좋은 습관이다. 그러나 문제의 실질적인 조건을 고려하지 않는 부분에서는 그렇지 않다. 우리의 시선에서 자연을 치워버리면서 우리가 자연 저 너머에 있는 것처럼, 심지어 우리에게 작용하는 모든 진화 능력을 뛰어넘어 그 위에 올라선 것처럼 느끼기 시작했다. 이것은 마치 우연이라는 변수에 의해서가 아니라, 인간이라는 종이 어디로 어떻게 가야 할지를 우리가 결정할 수 있는 존재라고 생각하는 것이나 마찬가지다. 우리는 이 지구를 공유하는 다른 종들과 어느 정도 길을 함께 걸어왔지만, 그들과 달리 우리는 우리 자신을 해방시키고 우리 운명의 고삐를 손에 쥐고 있다는 확고한 믿음을 키워왔다. 물론 이따금 사소한 바이러스가 나타나 우리가 태어나서 (특히) 죽을 때까지 인간은 언제나 자연의 일부라는 것을 상기시키기도 했지만, 어쨌든 그러한 걸림돌들이 있음에도 우리는 이 지구의 표면을 밟은 생명체 중 가장 진화하고 복잡한 존재라고 확신한다. 실제로 현재 지구에 살고 있는 다른 모든 존재와 우리의 진화 수준이 별로 다르지 않다는 생각은 대답할 가치조차 없어 보일 정도로 순박하게

　　　　　　　　　　　　　　　　　　　식물성 도시, 피토폴리스

여겨진다. 따라서 사소하지만 중요한 몇 가지를 제외하고, 크든 작든 인류가 성취한 것을 들여다보는 일은, 우리가 존경받을 수 있게 보이게 만드는 유일한 것, 즉 우리 자신을 경건하게 바라보는 것과 같다.

다시 말해, 피라미드의 꼭대기에는 유일무이한 창조주인 인간이 있고, 그 아래로 다른 모든 생명체가 인간의 완성도에 얼마나 근접해 있는지에 따라 순차적으로 배열되어 있다. 분명 영장류primates(호모 사피엔스Homo sapiens도 포함되는 이 목의 이름은 1758년 스웨덴의 식물학자 칼 폰 린네Carl von Linnè가 작명했는데, 라틴어로 '가장 뛰어난'을 의미한다)가 인간과 매우 근접하다. 물론 영장류는 사람이 아니지만, 우리가 인간의 영광을 설명할 때 기본이라고 생각하는 몇 가지 특성을 공유하는 것은 우연이 아닐 것이다. 35g의 마다가스카르 작은쥐여우원숭이부터 180kg의 고릴라까지, 사실상 모든 영장류가 각 발에 손톱(발톱 아님)이 달린 다섯 개의 발가락을 갖고 있고, 그중 엄지는 다른 발가락들과 마주 보고 있어서 나뭇가지나 음식을 단단히 쥘 수 있다. 잡식성 식단에 전형적인 비특화 치아를 가지며, 전방을 향한 눈으로 시야가 겹쳐지도록 한 양안 시력과 색각을 지녔다.

무엇보다 가장 큰 차이점은, 영장류의 뇌 무게가 체중에 비해 현저히 가벼움에도, 지구상의 다른 포유류보다 훨씬 무겁다는 것이다. 요컨대, 영장류가 아직 정점에 오른 것은 아니지만, 그러한 가능성은 충분히 보여주는 것이다. 영장류 아래로는 다른 모든 동물이 산발적으로 배치되어 있는데, 포유류에서 점점 더 아래로 내려가면서 새와 파충류, 양서류, 곤충이 있다. 그리고 저 먼 연옥과 접한, 광물이라는 무기물 속으로 무자비하게 사라지는 밑바닥에는 뇌, 손가락, 눈, 단일 또는 이중 기관도 없고, 심지어 이동할 능력도 없는 생명체, 즉 식물이 자리하고 있다.

인간을 최상위로 보는 이 계층 등급의 반대편에는 식물을 위시한 방대한 생명체가 우리 인간의 엄청난 포식 능력 앞에서, 인간의 생존을 위한 자원으로 인정할 수 있는 것 이외에는 아무런 가치도 부여받지 못한 채 무방비한 상태에 놓여 있다. 이 생명체들의 움직이지 않는 특성은 동물의 본질 자체와 대치된다. 사실상 동물은 움직일 수 있고 살아 있는 존재를 의미하기 때문이다. 뿌리를 내리고 있어 움직일 수 없는 식물은 우리가 생각하는 것보다 동물 생명체와 훨씬 더 동떨어지고 다른 존재다. 그로 인해 실제로 지구에 존재하는 생명체의 거의 대부분을 이루고 있음에도, 동물의 조직 및 기능과 정반대를 나타낸다는 사실은 식물을 인간의 지평선에서 완전히 벗어난 곳에, 즉 눈에 보이지 않는 곳에 가두고 말았다. 유용한 자원이기는 하지만 인간의 장대한 작품을 설계하고 제작하는 데 영감을 줄 수 있는 존재의 형태는 아닌 것이다(생명체의 형태라고 간주할 수 있을 때도 마찬가지다).

PEDIGREE OF MAN.

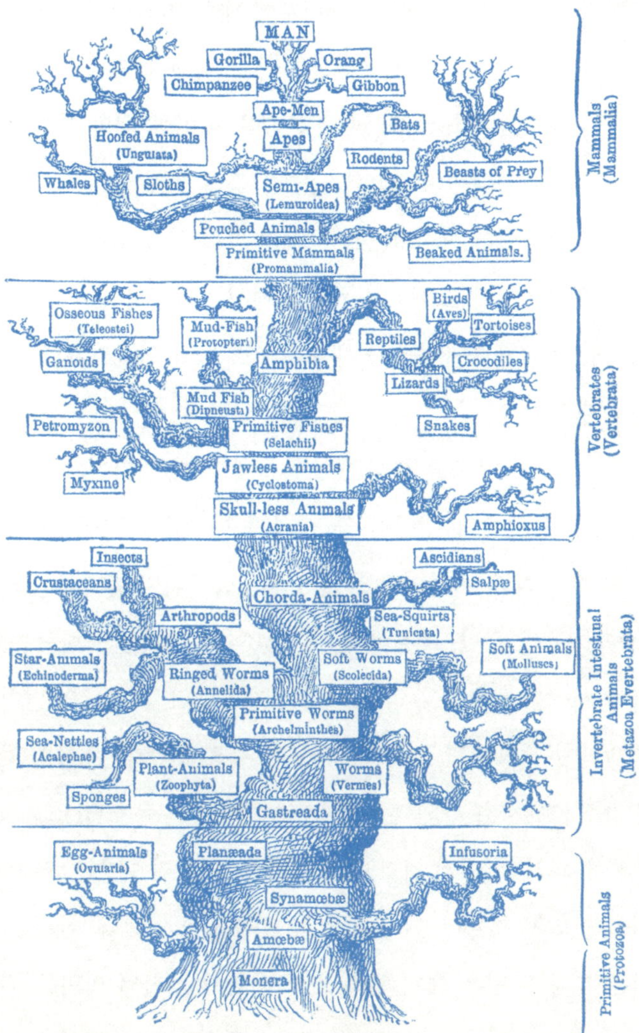

01　자연의 사다리Scala Naturae는 세상의 질서를 표현하는 고전적인 모델이다. 이 모델에 의하면 자연 내에서의 계층 구조가 기본적으로 돌에서 시작해 창조물의 정점인 인간에 이르게 된다. 자연의 사다리는 실제 사다리처럼 표현되기도 하고, 독일의 생물학자이자 철학자 에른스트 헤켈Ernst Haeckel의 《인간의 진화The Evolution of Man》에서처럼 가계도와 같은 형태로 다루기도 했는데, 이때도 역시 언제나 인간이 최정점에 있었다.

사실상 그 수로 보자면 우리 인간은 미미한 수치를 차지한다. 그럼에도 지구에서 생명체에 대한 인간의 절대적인 지배력을 증명하는 식으로 설계된 이 존재의 대사슬을 대면할 때마다, 인간 사이에서의 부의 분배를 설명할 때의 표현 방식과 연결 짓지 않을 수 없다. 인구의 극히 일부가 지구의 부를 대부분 차지한다는 이야기를 들어본 적이 있을 것이다. 일반적으로 피라미드로 표현되는 분포도에서는 최상단에 극히 소수이지만 무시할 수 없는, 즉 대표적으로 우리 인간과 같은 종이 올라가 있다.

부의 분포를 분석하는 방식에도 여러 가지가 있는데, 가장 많이 사용되는 방법 중 하나가 빌프레도 파레토Vilfredo Pareto의 원리다. 이탈리아 출신의 경제학자이자 공학자인 파레토는 19세기 후반, 20%의 원인이 80%의 결과를 도출하는 복잡한 체계를 바탕으로 하는 원리를 개발했다. 파레토의 법칙을 경제학에 적용하면, 20%의 인구가 부의 80%를 소유한다(또한 그중 0.8%가 51.2%의 부를 차지한다). 2023년 옥스팜Oxfam[3] 보고서에 의하면, 세계 최고 부자 10명이 최하위 계층 31억 명의 재산을 합친 것보다 더 많은 부를 소유하고 있었다. 실제로 이 최고 부자 10명은 세계 인구 거의 절반의 재산과 맞먹는 재산을 가지고 있었다. 이것만 봐도 인간이 본인과 자신의 일족을 위한 이익을 취할 가능성은 상상을 능가한다. 더 이상 분명한 증거를 낼 필요는 없으리라. 우리가 다른 생명체에게 적용하는 것과 동일한 약탈의 규칙이 다른 인간들에게도 적용된다. 세상 그 누구도 우리와 동등하지 않고, 우리 자신 이외 모든 것은 그 어떤 제한 없이 소유해야 하는 자원에 지나지 않는다. 우리 외에는 그 어떤 종과도 공유하지 않는 비전인 것이다.

한때 나는 식물과 동물이 서로 양립할 수 없이 완전히 상반되므로 다소 생명의 음양과 비슷하지 않을까 생각했었다. 그런데 훗날, 식물은 우리에게 어떤 가치도 있던 적이 없었다고 생각을 바꿔야 했다. 인간-동물-식물-광물의 계층 구조라는 엄격한 자연의 등급은 항상 적용된다.

이전에 식물에 대한 연구 방법을 다루면서, 생명체의 기능에 관한 지식의 상당수가 주로 식물에서 발견한 내용에서 비롯되었음에도, 이러한 사실이 특별히 인정받은 적이 거의 없었음을 이미 아주 상세하게 설명한 바 있다. 생물학의 기본인 세포론은 로버트 훅Robert Hooke이 코르크를 현미경으로 관찰하다가 살아 있는 유기체들이 더 작은 개체들, 즉 셀cell로 구성되어 있는 것을 발견한 덕에 탄생하게 되었다. 당시 '셀'이라 부른 이유는 수도사의 방과 비슷했기 때문이다. 그리고 그레고어 멘델Gregor Mendel이 그 전설적인 완두콩 교배 실험 덕분에 발견한 형질 유전도 있다. 간단히 말해, 식물의 발견이 지식의 진보에 끼친 영향을 과소평가하기 힘든데도 계속 그렇게 하고 있는 것이다.

찰스 다윈Charles Robert Darwin의 진화론도 대부분 식물계에서 나온 증거를 바탕으로 한다. 다윈은 일생과 자신의 연구 대부분을 식물 연구에 바쳤다(6권의 책과 70여 편의 에세이를 썼다). 그럼에도 이 엄청난 양의 연구는 언제나 그의 다른 연구보다 밀려나 있어야 했다. 아이오와주립대 식물학 교수 듀앤 아이슬리Duane Isely가 짚었듯, 찰스 다윈의 업적을 연구하는 사람이라면 그가 다른 어떤 주제보다 식물에 관한 책을 더 많이 썼다는 사실을 언급하기는 한다. 그런데 거기에는 '어쩌다보니', 말하자면 '뭐 그런 위인도 가끔 샛길로 빠져야 할 필요가 있으니까'라는 어떤 오만한 같은 뉘앙스가 포함되어 있다.[4]

생명을 이해하는 핵심 기둥이 식물 연구로 인해 가능해졌다는 사실은 과학사와 아무런 관련이 없어 보인다. 그래서 식물 모델에서 얻은 모든 발견은 동물 내에서 복제되고 검증되기 전까지는 과학계 내에서 제한된 중요성만을 지닌다. 단 959개의 세포로 구성된 예쁜꼬마선충Caenorhabditis elegans처럼 보잘것없고 인간과 동떨어진 선충이 있다. 그런데 이 선충을 모델로 해 과학의 중요한 발견들이 나왔고 수많은 노벨상으로 이어졌다. 예쁜꼬마선충의 302개의 뉴런만으로 신뢰할 만한 모델을 만들 수 있다. 반대로, 기본적으로 식물 연구를 통해 얻은 생물학적으로 중요한 수많은 발견은 이 작은 벌레를 통해 검증된 이후에 보편적 가치로 여겨질 수 있었다.

과학에서 철학, 경제학 그리고 환경 보호에 이르기까지, 인간이 활동하는 모든 영역에서 식물은 0, 무가치한 것으

   식물성 도시, 피토폴리스

로 표현된다. 아주 최근에야 생물 다양성의 문제가 대두되었고, 우리는 이를 보호하고 있다. 코뿔소나 코알라, 팬더, 몽크바다표범, 사르데냐사슴, 기린, 흰긴수염고래, 돌고래를 지키기 위한 캠페인이 얼마나 많은가? 수백 개는 될 것이다. 물론 앞서 이야기한 자연의 사다리와 완전히 맞물려 거의 대부분 포유류에 쏠려 있다. 그리고 몇 종의 새와 극소수의 양서류(실제로 이미 지구상에서 사라진 경우도 있다), 파충류, 어류에 관한 캠페인이 대부분이다.

그렇다면 식물의 경우는 어떠할까? 울레미소나무나 파라나소나무, 종비나무, 미국밤나무, 시칠리아느티나무, 사르데냐제비꽃 등 곧 영원히 사라질 식물을 보호하는 캠페인에 관해 들어본 적이 있는가? 없다. 멸종 위기에 처한 식물이 부지기수임에도 단 하나도 없다. 그렇다고 내가 사르데냐사슴이나 몽크바다표범을 싫어할 거라는 식의 생각은 마시길. 사람들의 인식을 일깨우는 캠페인을 하고 그것을 통해 그들을 돕는 일은 중요하고 옳다. 왜 우리는 살아 있는 다른 종을 돌보는 (미약한) 능력을 동물에게만 집중하냐는 것이다. 어째서 우리는 전체 생명체에서 고작 0.3%에 불과한 동물 생명체에는 관심을 두면서, 약 87%를 차지하는 식물에는 그 어떤 관심도 기울이지 않는 것인가? 순전히 이기적인 측면에서 보더라도, 우리 인간의 생명은 동물보다 식물에 의해 좌우된다. 그런데도 우리가 식물에 관심을 두지 않는 이유는, 저 밑에, 뇌가 없는 대량의 생명체와 함께 피라미드의 밑바닥에 있기 때문이다. 눈에 보이지 않을 정도로 멀리 떨어져 있고, 이해하기도 어려운 생명체이기 때문이다. 식물은 그저 우리가 사용해야 할 재료와 자원일 뿐, 동물 생명체의 복잡성과 우월성과는 아무 관계가 없다고 생각하는 것이다.

아직도 믿지 못하겠는가? 2022년 우리는 근현대 미술에서 자연의 표현 방식을 연구한 시카고 미술대학 교수 조반니 알로이Giovanni Aloi와 예술계에서의 식물에 대한 무지에 대해 토론한 바 있다. 당시 알로이는 루시안 프로이트Lucian Freud 탄생 100주년 기념으로 그에 대한 연구를 하고 있었다. 프로이트는 화가로서 살면서 식물을 주제로 한 그림을 최소 100점 이상 그렸다. 그러나 알로이가 프로이트 탄생 100주년 기념으로 연구한 내용이 비평가와 대중의 관심을 끌지 않았다면,[5] 결코 사소하다고 할 수 없는 프로이트의 이 작업을 아무도 기억하지 못했을 것이다.

프로이트의 작품 〈알로에가 있는 정물화Still Life with Aloe〉(1949)를 살펴보자. 하얀 탁자 위에 알로에 묘목과 물고기 한 마리가 그려져 있다. 땅에서 뽑은 지 얼마 안 된 알로에는 뿌리를 그대로 드러내고 있다. 알로에의 숨겨져 있던 부분이 우리 눈앞에 무방비 상태로 놓여 있는 것이다. 땅 밖으로 나온 식물과 물 밖으로 나온 물고기, 이 두 생명체는 생존 불가능한 환경에 놓여 있다. 나는 이 그림을 처음 봤을 때, 인간에게는

　식물성 도시, 피토폴리스

어떤 상황이 그 생명체들과 동등할 것인지 생각해봤다. 아마 바다 밑바닥에 가라앉은 시체일 것이다. 어쨌든 이 훌륭한 그림은 프로이트가 그린 수백 점의 식물 작품 중 하나일 뿐이다. 평단에서는 전혀 주목받지 못하고 알려지지 않았지만, 뛰어난 이 작품들은 프로이트의 작품 전체를 풀과 꽃, 나무를 비롯해 여러 식물을 예술적 표현의 주제로 삼고 싶어 하는 다른 예술가들의 작품과 비슷한 취급을 받았다. 프로이트가 식물만 그렸다면 아무도 그의 100주년을 기념하지 않았을 것이다. 특별히 놀라운 일도 아니다. 실제로 예술계에서도 확고한 신념에 사로잡혀 있다. 인간이 피라미드의 정상에 있고, 돌이나 기타 무생물을 비롯한 식물이 밑바닥에 있는 자연의 계층 구조가 존재한다는 생각 말이다.

　　루이 14세의 궁정역사가 앙드레 펠리비앙André Félibien이 1668년에 이론화한 바에 따르면, 식물과 풍경, 동물, 인간이나 비범한 인간으로 구성된 무리 등의 계층 구조는 다음과 같다.

완벽한 풍경을 창조하는 사람은 열매나 꽃, 조개만 그리는 자보다 높다. 살아 있는 동물을 그리는 사람은 죽었거나 움직이지 않는 것만 표현하는 사람보다 가치가 높다. 그리고 사람의 모습은 이 땅 위에서 하느님이 만든 가장 완벽한 작품이므로, 당연히 인간의 형상을 그려 신을 따라 하는 자는 다른 모든 자보다 훨씬 훌륭하다. […] 초상화만 그리는 화가는 이렇듯 높은 예술적 완성도에 아직 도달하지 못했으므로, 가장 현명한 자들이 받는 명예를 요구할 수 없다. 그러므로 하나의 형상에서 여러 형상을 함께 표현하는 단계로 넘어가야 한다. 역사 및 우화와 관련이 있어야 하며, 역사가들처럼 위대한 행위를 표현하거나 시인들처럼 즐거운 주제를 표현해야 한다. 또한 더 높은 경지로 나아가, 우의적 구성을 통해 위인의 미덕과 가장 고귀한 신비를 우화의 베일 아래 감출 줄 알아야 한다.[6]

이러한 회화 제작 이론을 바탕으로, 정물(물론 전혀 죽은 것은 아니지만 식물도 포함)은 계층 구조의 가장 밑바닥, 즉 인간의 초상화를 그리는 데 필요한 종합 예술보다 훨씬 낮은 위치에 있다.

　　　서양 문명의 역사는 생명체 대다수에 대해 지독하게 무관심하다는 점이 두드러진다. 수세기가 흘렀는데도 식물을 연구하든, 그림으로 그리거나 글을 쓰든, 혹은 식물에 대한 표현을 하든, 식물에 집중하는 사람은 관심 밖으로 밀려나게 된다. 프로이트도 그의 예술 작업을 식물을 표현하는 데만 한정했다면 똑같은 운명에 처했을 것이다. 바나나, 엉겅퀴, 토마토, 시클라멘, 고사리, 수선화, 레몬, 유카, 라눙쿨루스 등, 프로이트가 식물로부터 영감을 받은 작품 중 그 어떤 것도 관심을 불러일으킨 적이 없지만, 그 오랜 작품 활동 기간 내내 식물을 그렸다. 조반니 알로이 교수가 적절하게 개입하기 전까지 평론가들이 프로이트가 활동 기간에 그린 식물들에 관해 표현할 수 있었던 것은 영국의 미술사학자 로런스 고윙Lawrence Gowing이 〈패딩턴의 실내Interior at Paddington〉(1951)에 그려진 유카나무에 대해 '현대 미술사에서 가장 기억에 남는 화분 속의 식물'이라는 평가뿐인 듯하다.[7] 이유에 대한 언급이나 보충 설명도 없다. 그래서 우리는 이 단 하나의 관찰 소감에 만족할 수밖에 없다. 나는 물론이고, 식물을 다루는 사람이라면 누구라도 인정할 수밖에 없는 불공정함이다.

간단히 말하자면, 아리스토텔레스 이래로 생명체의 등급을 바라보는 이러한 고전적 개념이 모든 시대에 통용되었다. 그리고 그 개념은, 이 지구상에 인간과 더불어 살고 있는 인간 아닌 존재들, 물론 식물을 포함한 모든 비인간 존재의 놀라운 능력을 입증하는 과학의 새로운 발견에는 전혀 영향을 받지 않았다.

02

동물성 도시

이러한 인간중심적인 고정관념에서 건축도 예외도 아니다. 그럴 수가 없었을 것이다. 실제로 건축은 인간이 대기오염 물질로부터 자신을 보호하는 것과 같이 가장 기본적인 생물학적 욕구를 충족하기 위해 만들어진 가장 인간적인 활동 중 하나다. 필연적으로 인간을 모든 건축 활동의 중심에 두어야 했던 것이다. 윌리엄 모리스Wiliam Morris는 "내 '건축' 개념은 […] 인간의 생활환경 전체를 포괄한다. 우리가 문명의 일부인 한 건축에서 벗어날 수 없는데, 이는 순수한 사막을 제외하고, 건축이 인간의 필요에 따라 지구 표면에서 이루어진 수정과 변경의 총체를 나타내기 때문이다."[1]라고 기록한 바 있다. 이처럼 문명 속에 있으면서 건축에서 벗어나기는 불가능하고, 건축이 있어야 도시의 설계와 기능을 관리해야 하는 인간의 필요에 부합할 수 있다.

도시의 외관을 나타내는 **얼굴**과 주요 **동맥**, 푸른 **폐**, 박동하는 **심장**, 다양한 건축 유형을 설명하는 **거주 세포**를 비롯해 **신경 중추와 골격**, **피부**에 이르기까지, 도시를 묘사할 때 흔히 쓰이는 이 용어들을 보면, 도시를 설계하고 구성하는 과정에서 인간의 신체가 얼마나 핵심적인 기준이 되었는지, 그리고 도시와 신체 사이에 얼마나 독특한 유사성이 존재하는지 쉽게 알 수 있다. 건축사 전체가 인체의 크기 및 비율과 관련이 있다. 실제로 인간의 몸은 은신처를 찾아 건물 안으로 이동해야 하므로, 건축할 때의 구조와 설계 그리고 표면을 규정하는 기준이 인간의 신체 치수가 되는 것은 필연적인 일이다.

우리가 사는 거주지의 설계도를 훑어보거나 규모를 규제하는 법률만 읽어 봐도, 인간중심적이지 않은 건축은 생각할 수 없다는 점을 알 수 있다. 사람의 신장을 고려해 출입구의 높이를 약 2.05~2.10m 정도로 만든다. 사람의 어깨너비가 0.55m 정도이므로 문의 가로 길이는 최소 0.60m여야 한다. 사람이 한쪽 팔을 뻗었을 때 길이가 약 0.72m라고 한다면 어깨를 포함해, 한 팔을 뻗은 남자의 너비는 약 1.12m가 된다. 따라서 사람이 어느 정도 자유롭게 다니려면 복도의 너비는 적어도 1.20m는 되어야 한다. 이러한 데이터는 어디에서나 찾아볼 수 있고, 건축 설계뿐 아니라 우리가 도시를 인식하는 방식 자체에서도 인간의 형상이 중심을 이루고 있음을 명확하게 드러낸다. 누구도 의혹을 품을 생각도 하지 않는 이러한 인간중심성은 르네상스 시대에 레오나르도 다 빈치Leonardo da Vinci의 비트루비우스적 인간Vitruvian Man(레오나르도가 1490년경에 그린 소묘 작품―옮긴이)에서 이론적으로나 예술적으로 최고의 정교함을 드러낸다. 이 작품의 제목은 로마 건축가 마르쿠스 비트루비우스Marcus Vitruvius의 이름에서 비롯된 것으로, 19세기까지 수많은 건축가가 그의 저서 《건축술에 대하여De Architectura》를 바탕으로 성장했다.

비트루비우스적 인간은 사실상 만물의 척도로서의 인간을 나타낸다. 여기에서의 인간은 원과 정사각형이라는 두 개의 완벽한 도형 속에 내접하는 크기를 지닌 절대적인 비율을 취한다. 원은 하늘을 상징하고 사각형은 땅을 상징한다. 따라서 인간은 미시적 세계와 거시적 세계 사이의 조응을 상징하는 존재로 표현된다.[2] 레오나르도 다 빈치의 그림은 인간의 비율과, 예를 들어 기둥들의 조화로운 비율 간에 존재하는 관계를 직접적으로 제시하고 있다. '가슴 위부터 머리 꼭대기까지의 길이가 전체 인체 길이의 7분의 1이다'라는 내용은 비트루비우스가 《건축술에 관하여》에서 '후손들은 도리아식 기둥의 높이가 그 직경의 일곱 배가 되도록 정했다'[3]라고 기술한 부분과 일치한다. 요컨대, 치수뿐 아니라 그 치수 간의 관계, 즉 비율도 모든 것의 궁극적인 척도인 인간에게 귀속되어야 했다.

그리고 인간을 측정 단위로 보는 비트루비우스의 개

넘이 먼 과거의 것이라고 생각하면 안 된다. 1950년, 르 코르뷔지에Le Corbusier는《르 모뒬로르Le Modulor》[4]에서 정확하게 '모뒬로르'라고 하는 인간의 치수를 바탕으로 한 비율 등급을 발표했다. 이 책의 표지가 얼마나 멋있었는지, 어린 시절 이것을 본 나는 책들을 귀한 물건이라 여기고 사랑하게 되었다. 르 코르뷔지에의 이야기는 아주 매혹적이다. 무엇보다 그 이름 자체에서 르 코르뷔지에의 건축에 대한 개념을 드러낸다. '모뒬로르'라는 말은 사실 프랑스어의 'module'과 'or(황금 분할을 의미하는 section d'or에서 유래)'의 합성어로, 인체의 치수를 소위 '황금 분할'이라는 비율로 하여 환원할 수 있는 도구를 창조하려는 의지를 담고 있다. 황금 분할은 자연에서 매우 흔히 발견되는 비율로, 인간은 본능적으로 이를 쾌적하게 느낀다.

고대부터 모든 건축가가 그랬던 것처럼, 건축 수치를 황금 분할에 맞게 정하면 미학적으로 인정받는 해결책을 얻을 수 있다는 것을 르 코르뷔지에는 알고 있었다. 그래서 인체를 세 구역으로 구분하는데(발에서 명치, 명치에서 머리끝까지, 머리끝에서 팔을 머리 위로 뻗었을 때 손가락 끝까지), 이 비율은 황금 분할과 동일하고(황금 분할의 값은 1.618…이다), 두 계열이 형성된다. 그중 붉은 계열이라고 하는 것은 르 코르뷔지에가 1.75m로 정한 유럽 남성의 평균 신장을 기반으로 하며, 이 기반에서의 명치 높이는 1.08m로 황금 분할에서 예측하는 바와 완전히 일치한다(1.75를 1.08로 나눈 값으로 1.62라는 운명적인 황금 비율을 얻었

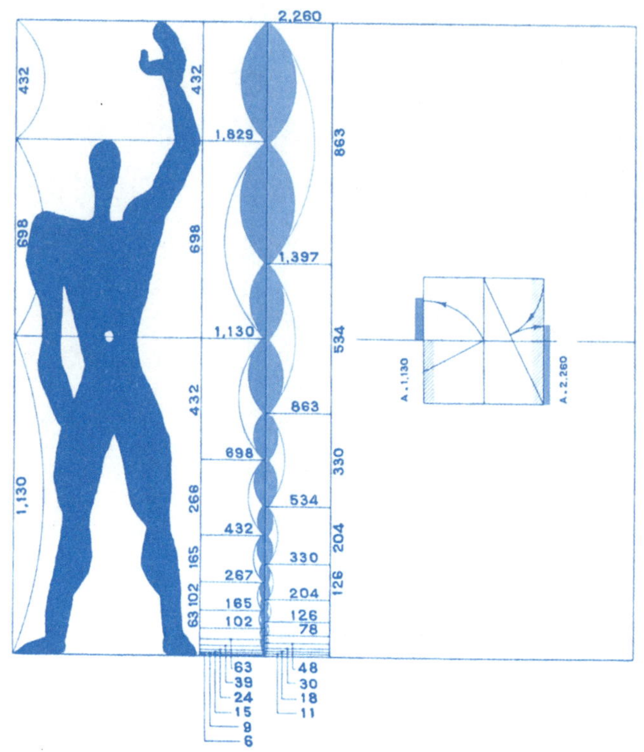

02 르 코르뷔지에가 1950년 자신의 유명 저서에서 제시한 모뒬로르는 인간의 수치를 바탕으로 한 비율 등급이다. 인체의 비율을 사용하는 것이 건축 설계의 기능성과 아름다움을 향상시키는 하나의 확실한 방법이라고 보며 전통적으로 지속되어온 발상이다.

다). 이후, 평균 신장이 1.83m로 재설정되었고, 그로 인해 명치 높이도 1.13m로 높아졌다(황금 분할 유지). 푸른 계열이라 불리는 두 번째 계열은 르 코르뷔지에가 팔을 뻗은 남자의 신장을 기준으로 설정했는데, 머리 위로 뻗은 팔의 손가락 끝에서 땅바닥까지의 길이가 2.26m로 고정되고, 여기에서 황금 분할을

    식물성 도시, 피토폴리스

이용하면 신체의 다른 모든 수치를 알아낼 수 있었다.

르 코르뷔지에는 모뒬로르를 통해 간단하게 '인간적 규모에 부합하고, 건축과 기계적 사물에 보편적으로 적용할 수 있는 조화로운 측정 영역'[5]을 제공하는 도구를 만들었고, 이후 이것은 그의 모든 작품 설계에 빈번하게 이용되었다. 그의 작품 중 가장 중요한 도시가 인도의 찬디가르라는 데는 반기를 들 사람이 없을 것이다. 1950년대 초 네루 총리가 르 코르뷔지에에게 새로운 수도 펀자브의 설계를 맡겼다. 엄청나게 중요한 프로젝트였다. 모뒬로르를 자유롭게 사용하고, 비트루비우스와 레오나르도 다 빈치, 레온 바티스타 알베르티Leon Battista Alberti와 공유한 '인간이 설계의 영감이 되는 완벽한 형태이자 조직'이라는 확고한 신념을 바탕으로, 르 코르뷔지에는 도시를 격자 모양으로 56개 지구로 구획하고, 이 지구들이 넓은 대로로 연결되는 형태로 설계했다.

처음 찬디가르의 설계를 마주하면, 인간의 신체 구조와는 아무런 관련 없이 그저 실용성의 기준만 따른 것으로 보일 수 있다. 그러나 이 도시계획을 자세히 살펴보면 정확하게 인간의 신체처럼(또는 취향에 따라서는 동물처럼 보일 수도 있다) 설계되었다는 것을 알 수 있다. 찬디가르 도시계획의 수석 건축가인 카필 세티아Kapil Setia의 설득력 있는 설명에 의하면, 르 코르뷔지에의 설계는 인체와 아주 비슷하다. '가장 중요한 수도의 건물들은 머리 부분에 있고, 비즈니스 중심 지구는 심장

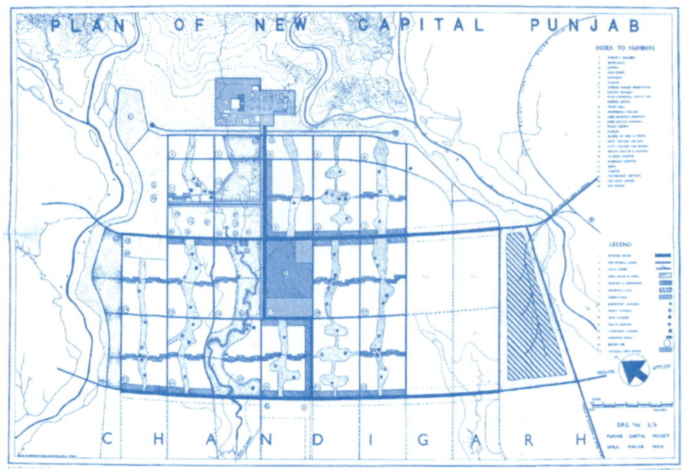

03 1951년 르 코르뷔지에는 펀자브의 새로운 수도 찬디가르를 설계해달라고 의뢰받는다. 얼핏 보면 르 코르뷔지에가 생각한 도시의 배치는 인체 조직과 전혀 닮지 않았다. 그러나 자세히 보면 수많은 유사성을 발견할 수 있다. 관리부와 행정부는 모두 상단(머리 부분)에 회색으로 표시된 직사각형 구역에 집중되었고, 주요 도로는 동맥처럼 나타나 있다. 그리고 비즈니스 구역은 도시의 심장 부분에 위치한다.

부분에 있으며, 산업 지역은 동쪽, 교육 지역은 그 반대쪽에 위치하여 도시의 양 팔과 같은 형태를 나타낸다.'[6] 르 코르뷔지에가 정부 기관을 수용하기 위해 설계한 웅장한 건물들(재판부, 의회, 사무국)은 그가 생각한 인체 조직을 기준으로 한 도시의 몸체를 통제하도록 모두 머리 부분에 배치되었다. 실제로 도시계획가 피터 홀Peter Hall이 《미래의 도시들Cities of Tomorrow》[7]에 기록한 찬디가르 도시계획 팀 회의 보고서를 보면 이런 내용이 있다. "르 코르뷔지에는 손에 파스텔을 쥐고 작업에 빠져 있었다. '이쪽에는 역이 있고, 저쪽에는 상업 지구가 있어'라고 중

   식물성 도시, 피토폴리스

얼거리며 찬디가르 신도시계획의 첫 번째 도로를 설계했다. 이어 '여기가 머리 부분'이라고 중얼거리면서 윗부분을 번지게 표시하고 '자, 여기는 배 부분, 도시의 중심이지'라며 작업을 이어 나갔다."

찬디가르 설계 이전인 1930년, 르 코르뷔지에는 빌 라디외즈Ville Radieuse(빛나는 도시)라는 이상적인 도시를 설계한 적이 있었다. 이 도시계획이 실행되지는 않았지만, 이 역시 인체 개념을 바탕으로 계층적으로 기획되었다. 빌 라디외즈 계획은 선형 도시의 개념에 인간의 추상적인 이미지, 즉 머리와 척추, 팔, 몸통의 이미지를 결합한 것이었다. 고층 건물들이 머리 부분에 배치되고, 몸통은 수 헥타르의 주거 지대로 이루어졌다. 놀라운 점은 르 코르뷔지에가 단순한 기하학적 설계에서 벗어나기 위해 이러한 인체 모방적 설계 전략을 채택한 것이다. 르 코르뷔지에는 격자형의 기하학적 체계를 생물학적 비유로 표현한 자연 체계에 대응시켰다. 즉 신경중추에 해당하는 비즈니스 센터는 머리, 주거 지역은 폐, 문화 중심지는 심장, 마지막으로 중공업 지대는 발을 상징했다.

르 코르뷔지에의 의견에 따르면, 생물학은 인체와 도시 모두에서 기관과 기능의 분리를 촉진한다. 그는 이를 피할 수 없는 원칙으로 삼는다. 1960년대에 르 코르뷔지에는 "한 설계는 기관을 질서 있게 배치하여 하나 혹은 여러 유기체를 창조한다. 생물학! 이것은 건축학과 도시계획의 위대한 신조어다"[8]라고 기술한 바 있다. 그의 말이 옳았다. 생물학은 사실상 도시공학의 신조어다. 잘못된 것은 생물학을 동물 형태로만 제한하는 것이었다. 그런데 르 코르뷔지에는 인간이 미학적으로나 기능적으로도 완벽함의 총체로 인식하는 우리의 몸에서 영감을 받은 최초의 인물도, 마지막 인물도 아니다. 그의 중앙집권적 조직, 즉 단일 혹은 이중의 전문화된 기관을 관장하는 머리 구조는 실제로 지구의 모든 도시계획에서 찾아볼 수 있다. 아주 오래된 것부터 가장 최근 것까지(우르나 아테네, 로마처럼 수천 년의 세월을 고스란히 간직한 도시든, 르 코르뷔지에의 찬디가르의 경우처럼 아무것도 없는 상태에서 백지 한 장과 파스텔로 설계한 수많은 신도시든), 각각의 도시계획에서 인체의 작용처럼 기능하도록 설계된 도시에 대해 어느 정도 명확한 개념을 찾을 수 있다. 일부는 찬디가르보다 훨씬 더 공공연하고 명확하게 그러한 영감을 담고 있다. 그 밖의 경우는 수천 년 인류 역사의 층적화와 우리가 아는 유일한 조직 모델을 고수한 결과로 불가피하게 도래했다.

인간 모방적 도시로 알려진 가장 설득력 있는 한 가지를 사례로 들어보자. 시에나 출신의 건축가이자 건축 이론가인 프란체스코 디 조르조 마르티니Francesco di Giorgio Martini는 건축사에 다양한 공헌을 했다. 그중 하나는 레오나르도 다 빈치에게 비트루비우스의 작품을 소개한 것이다. 15세기 후반 프란체스코 마르티니는 자신의《민간 및 군사 건축에 관한 논문Trattato di architettura civile e militare》에서 인체 디자인을 바탕으로 건설된 탁월한 예를 기술한다. 마르티니는 그림과 함께 이렇게 설명하고 있다. "도시와 요새, 성곽은 인체 형태로 모델링해야 하며, 머리와 연결된 사지들이 비례적으로 대응되어야 한다. 머리는 요새가 되고, 팔은 그 요새의 벽이 되어 주변을 둘러싸며 몸 전체를 연결해야 한다. 이처럼 신체의 모든 요소와 부분이 완벽한 크기와 비율을 갖고 있는 것처럼, 사원이나 도시, 요새, 성곽의 구성에서도 동일한 원칙을 적용해야 한다." 이것은 인간의 조직을 바탕으로 도시를 설계해야 할 필요성에 대한 최초의 이론적 연구였다. 특히 요새는 머리, 사원은 심장, 광장은 복부, 팔과 다리는 성곽이라고 명확히 표현하는 점이 인상적이다. 인체의 완벽성을 바탕으로 기획한 도시의 비전은, 의식적이든 아니든 새로운 도시를 고안하고 계획하라는 요청을 받은 모든 설계자와 영원히 함께할 것이다.

이번에는 르네상스 이후에 설계된 수많은 이상적인 도시를 살펴보자. 피엔자부터 우르비노, 사비오네타부터 아카야에 이르기까지 도로와 광장의 배치 형태와 계층 구조에 천상의 조화를 반영하여 도시를 구현하려는 시도는 무수히도 많다. 레오나르도 다 빈치가 그의 비트루비우스적 인간의 형상을 그렸던 바로 그 조화 말이다. 토머스 모어Thomas More가《유토피아Utopia》에서 언급하기 시작한 이상적인 도시의 전통은 체스판이나 별 모양의 배치, 넓은 길, 크기와 스타일이 유사한 건

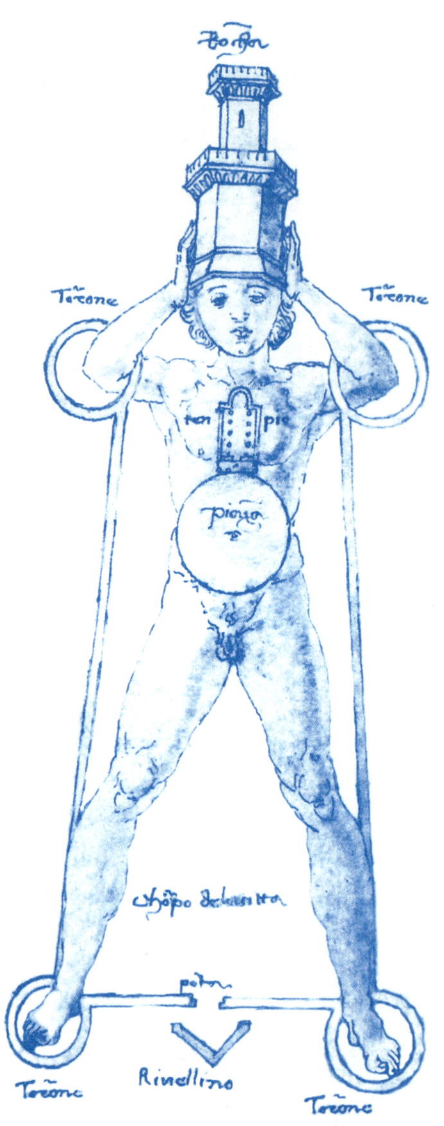

04 15세기 후반, 프란체스코 디 조르조 마르티니는 《민간 및 군사 건축에 관한 논문》에서 인간의 형상으로 설계한 요새화된 성채의 웅장한 이미지를 선보였다. 마르티니의 설계도에서 인체에서 얻은 영감, 즉 우리의 모든 창조물을 설계하는 완벽한 조직 체계가 그 위용을 유감없이 드러내고 있다.

물 등에 이르기까지 끊임없이 그 매력을 발산한다. 이렇게 도시를 설계하는 일이 하나의 장르가 되었고, 르네상스부터 현재에 이르기까지 그 아이디어를 높게 평가하는 건축가라면 누구나 그런 방식으로 이상적인 도시를 설계하지 않을 수 없다.

이상적인 도시들에서도 마찬가지지만, 모든 도시가 비슷한 경향을 띤다는 사실은 아무도 신경 쓰지 않는 듯하다. 지도를 한번 살펴보자. 도시의 형태는 정사각형이나 모서리가 뾰족하거나 그렇지 않은 별 모양, 다면체, 혹은 규칙적이고 대칭인 기하학적 도형 등으로 변한다. 나머지는 정부 청사나 교회, 소방서를 비롯한 공공 서비스 시설들이 위치한 중심지를 기준으로 대칭으로 갈라지는 도로들이다. 이것이 전부다. 이러한 묘사가 좀 더 정교하게 표현된 경우, 도시 지역에 문화와 산업, 의료 등 특정 기능이 전문화되어 있다. 결국 동물적 신체의 오래된 조직 구조가 다양한 형태로 재현될 뿐, 특별히 이렇다 할 변화는 없는 것이다. 언제나 중심지(머리) 주위를 도시의 생존을 좌우하는 전문화된 지역(기관)이 둘러싼다. 이것들이 우리에게 익숙한 유일한 조직 모델에서 출발한 이론적 창조물이라는 사실은 모든 도시가 동물의 몸을 주제로 한 사소한의 변주에 불과함을 의미한다.

우리가 정말 혁신을 단행한다면, 실제 도시에서 매우 빈번하게 변화가 일어날 것이다. 이유는 간단하다. 역사의 흐름 속에서 세대를 거치며 이루어진 선택의 결과물인 살아 있

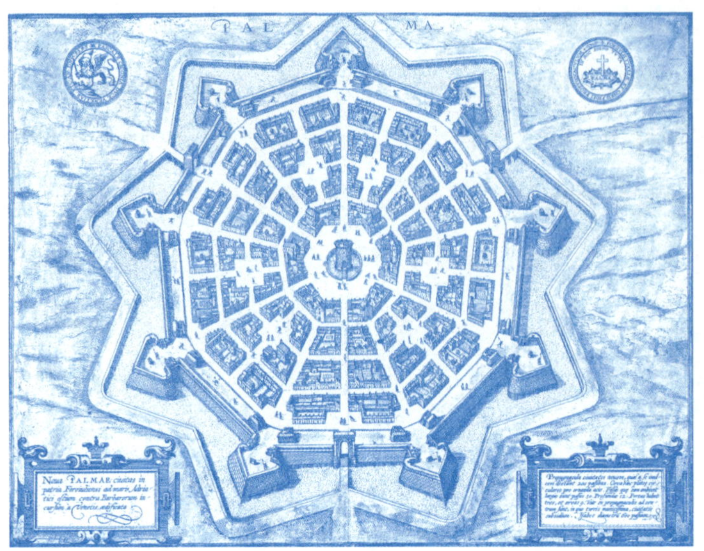

05　도시-요새 팔마노바는 16세기 말, 터키의 위협과 프리울리안 평야 하부를 가로지르는 합스부르크의 영토 확장에 맞서 베네치아 공화국이 국경의 동부를 방어하기 위해 건설하였다. 꼭짓점이 9개인 별 형태에, 들락날락하는 모서리의 18개의 면이 모두 보루 역할을 하도록 설계된 팔마노바는 매우 뛰어난 도시설계 중 하나다.

는 도시들은, 규모적 성장과 도시 발전을 위해 경직된 도시의 틀에서 벗어날 만큼 충분히 유연해져야 한다는 것을 일찍이 깨닫는다. 이는 수천 가지 대안 중에서 가장 적합한 것을 선택하는 자연적 성장의 무질서를 재현하는 것이다.

　'적합한'이란 말은, 주위의 모든 것이 잘 돌아간다는 것을 나타내는 형용사다. 진화는 언제나 최고가 아닌, 가장 적합한 대안을 보상한다. 최고는 인간의 집착일 뿐이다. 모든 설계된 도시는 그 설계자의 의도에서는 최고이지만, 도시 전체를 상세하게 설계하는 것은 한 생명체 전체를 설계하는 것만

　　　　　　　　　　　　　　　　식물성 도시, 피토폴리스

큼 어려운 일이다. 공존하는 요소들과 예측할 수 없이 변화하는 요소가 너무 많기 때문에 아무것도 없는 상태에서 생동감 있는 도시를 설계하려면 설계자 본인이 스스로를 신과 비슷한 존재라 믿어야 할 것이다. 따라서 건축가가 겸손하지 못하고 자신만을 믿는 오만함으로 대단한 사람 행세를 하면, 언제나 끔찍한 결과를 낳는다. 그런 건축가는 생기 없는 도시계획만을 내놓을 뿐이다. 이론적 특성으로 인해 도시는 차갑고 적대적이며, 유기 생명체에게 부적합해진다. 이러한 괴물 도시 중 일부는 실제로 만들어져서 사람들이 살고 있으며, 그곳들을 추종하는 사람들도 있다. 나는 그런 도시를 방문할 때마다 거대한 묘지에 와 있다는 느낌이 든다. 이성적이지만 생기가 없다. 도시 자체의 삶은 진화의 법칙에 따라 지속적으로 가장 적합한 방법을 선택해가기에 아름다워지는 것이다.

이상적인 도시 대부분이 설계도에서 현실로 이어질 가능성을 얻었던 것은 우연이 아니다. 이상적이기 때문이 아니라 매우 실용적이기 때문에 가능했던 것이다. 공간의 통일성과 계획의 계층화, 여러 도시 지역에 할당된 역할, 거리에 부여된 합리성 등은 모두 군대 생활과 같은 특정 환경에서는 아주 높은 평가를 받는 개념이다. 팔마노바나 스포르진다와 같은 도시들은 군사적 목적으로 요새를 건설한 경우를 제외하면 이상적인 면은 전혀 없다. 이 도시들은 유럽 절반의 요새를 별 모양으로 만들어버릴 정도로 대단한 영향을 끼친 것은 사실이다. 이

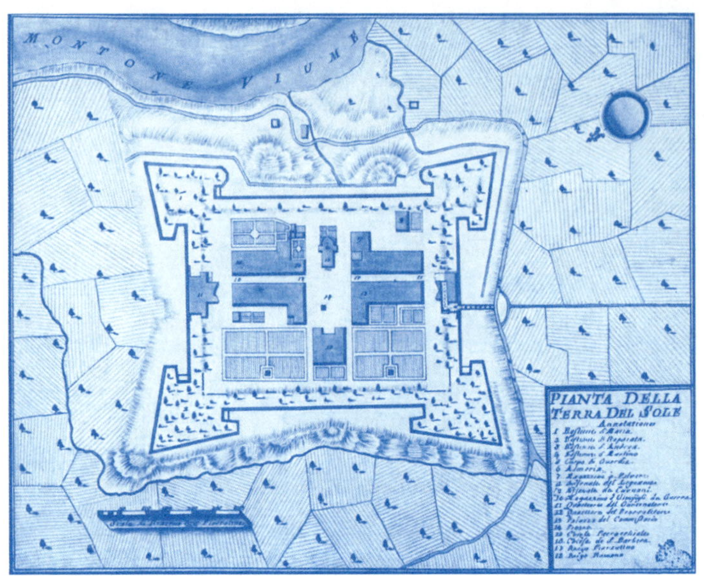

06 '태양의 도시'라는 의미의 테라 델 솔레는 2km에 달하는 직사각형 성벽과 네 개의 성곽이 도시를 에워싸며 외부 환경과 도시 내부를 엄격히 구분 짓는다. 중앙 집중적 권력과 방어 기능을 완벽한 대칭 속에 구현했다. 적으로부터 내부를 보호하기 위해 자연과의 소통 대신 두꺼운 장벽을 택한 르네상스 요새의 전형이다.

외 로마냐의 코시모 데 메디치 1세가 그의 공국 경계 지역에 설계한 테라 델 솔레Terra del Sole(태양의 도시)는, 그 이름이나 계획 자체는 아름답지만 대부분 감옥으로 사용되었고, 죄수들의 비문이 처참하게 남아 있어 이상적인 도시와는 거리가 멀다.

18세기 말 제러미 벤담Jeremy Bentham이 나름대로 이상적인 소도시로 설계한 감옥인 판옵티콘Panopticon도 아주 성공적인 설계 중 하나라 할 수 있다. 중앙탑을 중심으로 건설된 원형 건물인 판옵티콘의 기본 개념은 방사형이라는 형태를 이

식물성 도시, 피토폴리스

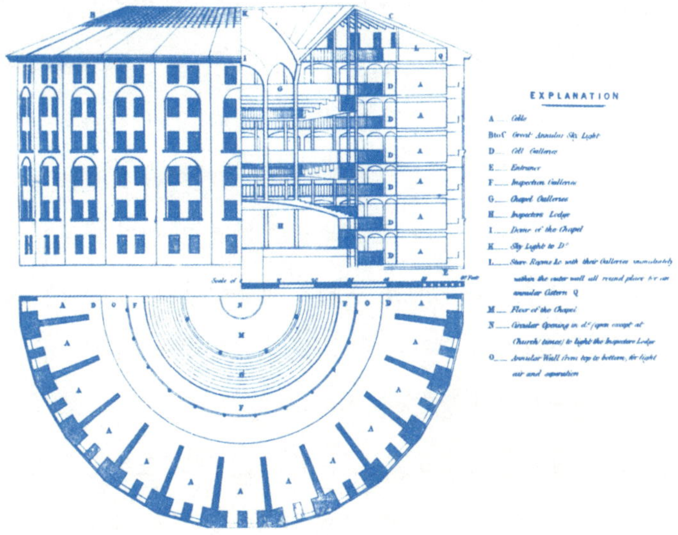

07 18세기에서 19세기 사이에 공리주의를 처음으로 주창한 인물 중 한 명인 영국의 철학자 제러미 벤담. 그가 생각해낸 판옵티콘 계획은 중앙 건물 내에 배치된 단 한 명의 직원이 감옥에 있는 전체 수용실을 모두 볼 수 있는(혹은 죄수들이 자신들이 감시를 받고 있다고 여길 수 있는) 원형 모형 감옥 형태다.

용해 단 한 명의 간수가 언제든 모든pan 죄수를 감시optikon할 수 있게 하는 것이다. 설계자에 따르면, 항상 감시받고 있다는 사실이 수감자들에게 간수가 전지전능한 힘을 가졌다는 인식을 심어주어 복종하게 만들 것이었다.

　　지난 역사 속 도시계획을 보면, 이상주의에 대한 추진력이 이렇듯 통제를 쉽게 하는 효율적인 조직 체계에 불과한 수준으로 축소되는 경우가 무수히 많았다. 결국 모든 이상적인 도시나 건물은 그저 권력의 행사처럼 보일 수 있다. 완벽하지만 뒤로는 지배의 욕구가 도사리고 있는 부자연스러운 도시로 보일 수 있는 것이다. 그러니 중앙집권적이고 계층적이며, 경계가 명확한 동물성 조직은 이러한 이상적인 도시에서 한껏 활용성을 찾고자 한다. 중앙집권적이고 전문화된 도시는 실제로 상당히 통제하기 쉽다. 소수의 권력 기관 및 결정 기관만 통제해도 도시 전체를 지배할 수 있기 때문이다. 도시의 정부 전체를 파괴하려면 소수의 권력 기관만 제거하면 된다는 점은, 동물 조직에서처럼 중앙집권화된 모든 조직에서 본질적으로 약점으로 작용한다. 그리고 지금 이 시대 우리 모두에게 가장 중대한 영향을 끼치는 것이, 바로 이러한 도시의 극단적인 취약성 문제다.

03

진화하는 도시

도시가 생명과 진화의 규칙을 따르는 살아 있는 유기체로서 연구될 수 있다는 점은, 적어도 19세기 후반까지는 거슬러 올라가야 하는 오래된 이야기다. 그 시절, 1854년생인 스코틀랜드의 식물학자이자 도시공학의 창시자 중 한 명인 패트릭 게디스Patrick Geddes가 도시와 도시계획이 진화론적인 차원으로 다루어져야 한다는 이론을 세우기 시작했다. 그럴 수밖에 없었다. 진화론의 혁신적인 면에 매력을 느낀 게디스에게는 해야만 하는 일이었다. 게디스가 한창 성장할 무렵 다윈의 진화론(1859년 11월 24일 《종의 기원The Origin of Species》이 처음으로 발표됐다)은 종이 탄생하고 진화한 방식보다 더 많은 것을 설명하고 현재의 세상을 읽는 새로운 열쇠를 제공하면서 말 그대로 세상을 바꿔놓고 있었다. 게다가 게디스는 1874년부터 1879년까지 런던에서 영향력 있는 철학자이자 생물학자인 토머스 헉슬리Thomas Huxley 밑에서 공부했다. 헉슬리는 '다윈의 사냥개'라는 별명을 얻을 정도로 진화론의 열렬한 지지자 중 한 명이었고, 당시 다윈도 자신의 자서전에 그를 이렇게 묘사했다. "그의 영리함은 번개처럼 빠르고 면도칼처럼 예리하다. 내가 만난 최고의 달변가이고, 그가 쓰는 글은 진부한 적이 없다. 그와 대화를 나누면 자신을 적대시하는 자들을 날카롭고 단호하게 정의 내릴 수 있는 사람이라는 것을 의심하지 않게 된다. 그는 나를 위해서라면 언제라도, 그 어떤 어려움도 감수할 준비가 된 최고의 친구였다. […] 그는 언제나 인류의 이익을 위해 일하는 훌륭한 사람이다."[1] 헉슬리의 학교를 다니면 진화론 교육을 엄청나게 받을 수밖에 없었다.

게디스는 다윈주의 혁명에 참여하며 그 다윈주의의 결론을 완벽하게 공유했다. 이는 인간의 모든 지식 분야에 새로운 빛을 비추는 것을 포함한다. 이 모든 것은 도시처럼 아주 오래된 것도 새로운 방식으로 설명하기에 완벽하게 설계된 듯했고, 필요한 것은 다윈의 발견을 도시공학으로 전환할 '누군가' 뿐이었다. 그 '누군가'가 바로 패트릭 게디스였다. 그는 1915년 자신의 책 《진화하는 도시Cities in Evolution》에서 도시는 인간이 조합한 무기체 구조의 총체가 아니라 유기체로, 즉 살고 있는 환경에 의해 발전 과정이 결정되는 한편 그 주변 환경에 직접적으로 영향을 주기도 하는 유기체로 인식되어야 한다는 개

   식물성 도시, 피토폴리스

넘을 설명했다. "도시는 마치 거대한 산호초 군락이 가지치기를 하는 것과 유사하다. 도시는 살아 있는 촉수가 나오는 **돌 골격**을 갖고 있다. 그러므로 인간 산호초라 부르자."[2] 현재는 도시와 생명체 사이의 비유가 상당히 친숙할 수 있지만, 그 시기에는 진정한 혁명이었다. 게디스는 자신의 진화론적 접근법으로, 도시공학을 개념화하는 새로운 방식, 즉 살아 있는 도시의 필요성을 파악할 수 있는 통합적인 활동을 하는 해석자 역할을 했다. 이후 1942년에 스페인의 건축가이자 도시공학자인 호세 루이스 세르트José Luís Sert는 근대건축국제회의Congrès internationaux d'architecture moderne에서 "도시는 살아 있는 유기체다. 이들은 태어나서 발전하고, 분해되어 사망한다. […] 학문적·전통적 의미에서 도시공학은 구식이 됐다. 이제 도시생물학으로 대체되어야 한다"라고 다시 한번 밝혔다.[3] 도시의 대사에 대한 연구와 이해가 환경에 중요한 영향을 미치고 그 효율성에 엄청난 발전을 가져다줄 것으로 보였지만, 현대의 도시공학을 변화시키는 모든 특성을 지녔던 게디스의 비전은 받아들여지지 않았다.

그의 혁명이 실패한 책임은 상당 부분 게디스 본인에게 있다. 집필 당시 그에게는 다윈주의의 정통성에 완벽하게 부합하지 않는다고 간주될 수 있는, 진화에 관한 자신만의 독창적인 해석을 지니고 있었다. 그러나 그러한 해석 차이가 세부적인 것에만 머무는 수준이었기에, 그가 도시공학 이론에 적용할 것을 제안한 진화론에 대한 대부분의 확신은 사실상 완벽하게 다윈주의 이론과 일치했다. 그는 인간이 진화의 일부이며 인간의 진화 역사가 각 개인의 습성을 형성했다는 관점을 받아들였다. 그리고 도시는 복합적인 유기체와 동일하고, 설계자의 통제에서 대부분 벗어나 사실상 자율적인 방식으로 진화하고 환경에 적응한다는 점, 또한 도시 환경 자체가 주민들의 사회적·문화적 진화에 영향을 미치고 작용할 수 있다는 점을 강조했다. 그러나 게디스가 도시 발전을 이론화하기 위해 협력의 중요성을 강조한 점은, 진화의 근본적인 추진력 중 하나로 여겨지는 생존을 위한 싸움, 즉 다윈주의에서 유일하게 수용할 수 있는 투쟁과 반대되는 것이었다. 헉슬리의 제자로서 생명은 소수만 살아남는 끝없는 투쟁에 지나지 않는다는 개념을 유포해야 하는 자가 진화에 대해 그렇게 비정통적인 개념을 갖는다는 것은 절대 용서받을 수 없는 일이었다.

사실 토머스 헉슬리에게 있어 다윈이 주로 은유적으로 사용한 생존 경쟁이라는 개념은 토머스 홉스Thomas Hobbes가 《리바이어던Leviathan》에서 묘사한 "지속적인 경쟁 상태"의 진정한 자연적 대응물로서, 인간으로 하여금 "검투사처럼 무기를 겨누고 서로를 응시하는 태도"를 취하게 만든다.[4] 토머스 헉슬리 때문에 검투사의 이미지가 진화론의 핵심 개념에 가장 부합하는 것으로 널리 퍼지게 되었다. 즉 "제한적이고 일시적인 가족 관계 외에는, 모든 사람이 모든 사람과 싸우는 홉스식 전

　　　　　　　　　　식물성 도시, 피토폴리스

쟁"이 "존재의 정상적인 모델"을 구성한다는 것이다.[5] 이 입장은 소위 사회다윈주의자들에게 매우 호감을 사서 신속히 채택되고 확산되었다. 얼마 지나지 않아, 삶을 서로 죽고 죽이는 검투사들의 경기장으로 보는 이미지가 진화론에 대한 대다수에게 알려지게 될 평범하고도 잘못된 통념이 되었다. 이 시각은 엄청난 피해를 초래했으며, 안타깝게도 지금도 계속해서 악영향을 미치고 있다. 게디스 시대에는 극소수의 지식인만이 공개적으로 반대했을 뿐이다.

그 지식인 중 한 명은 1876년부터 1894년 사이에 기념비적인 《새로운 세계 지리Nouvelle Géographie universelle》를 세상에 내놓으며 유명세를 떨친 지리학자이자 작가 엘리제 르클뤼Élisée Reclus다. 그는 게디스와 서로 자극을 주고받으며 친밀한 감정을 나누었다. 그래서 우리 이야기와 관련이 있다.[6] 사회다윈주의자들과 생명에 대한 그들의 검투사적 비전을 맹렬하게 비판한 르클뤼는 그들에 대해 이런 글을 썼다. "그들은 마치 피를 보여주고 살인을 부추기듯이 이것을 일종의 분노로 설명한다."[7] 르클뤼가 게디스와 완벽하게 공유하는 진화의 개념은 사실 매우 다르다. 그는 이빨과 발톱을 드러낸 개인적인 싸움을 통한 진화가 아니라, 자발적이고 조화로운 힘이 결합되어 진보로 이어지게 해주는 연대성의 가치를 역설했다. 르클뤼는 이렇게 말했다.

성공을 숭배하는 자들이 그토록 찬양하는 맹목적이고 잔혹한 생존 경쟁의 법칙이 두 번째 법칙, 즉 약한 개체들이 점점 더 발전하는 유기체들과 무리를 지어 적대 세력으로부터 스스로를 방어하고, 자신의 환경에 있는 자원을 인식하며, 나아가 새로운 자원을 창조하는 법을 배우는 법칙에 종속된다. 우리는 후손들이 과학이나 자유의 측면에서 높은 차원에 도달하면 점점 더 친밀한 만남을 갖고 끊임없이 협력할 것이며, 그러한 상호 간의 지원 속에서 조금씩 형제애도 자라게 될 것임을 알고 있다.[8]

게디스가 언급한 도시의 진화론적 개념은 모든 사람을 상대로 한 모두의 총력전을 통해 작용하는 것이 아니라, 거주민 간의 협력에서 근본적인 힘을 이끌어내는 진화의 유형이다. 생물학자 린 마굴리스Lynn Margulis가 중요한 연구를 발표한 이후,[9] 우리가 알게 된 이러한 비전은 확실한 과학적 증거가 뒷받침되었다. 사실 협력이나 상호 지원 또는 상생은 정말 중요한 진화의 원동력 중 하나이며, 그러한 진화의 작용은 개인과 공동체, 심지어 도시의 발전에까지 무심하게 발생한다.

진화의 요소인 협력의 중요성에 대하여 게디스의 통찰이 발전하게 된 데에는 르클뤼와의 우정 외에 게디스가 직접 만나 영향을 끼친 크로포트킨과의 친분도 결정적인 역할을 했다. 러시아의 대공 표트르 크로포트킨은 철학자이자 과학자이고, 무정부주의 사상의 아버지라고 불리는 사람이다. 특히 위대한 진화 생물학자였고 헉슬리의 단순한 논제에 반대했다. 그가 1902년에 《상호부조론Mutual Aid: A Factor of Evolution》이라는 제목으로 출간한 유명 저서의 시작 부분에는 다음과 같은 글이 실려 있다.

> 젊은 시절 난 시베리아 동부와 만주 서부를 여행하던 중 동물들의 삶에서 두 가지 양상을 보고 상당한 충격을 받았다. 첫 번째는 거의 모든 종의 동물이 가혹한 자연 환경 속에서 생존을 위해 벌이는 극심한 투쟁이었다. 자연적 원인으로 주기적으로 엄청난 생명체가 파괴되었고, 그로 인해 방대한 지역에서 생명체가 거의 사라진 모습을 직접 관찰할 수 있었다. 두 번째는 동물 생명체가 풍부한 몇 안 되는 지역에서였다. 인내심을 가지고 살펴보았지만, **동일한 종에 속하는 동물들 사이에 벌어지는 생계를 위한 치열한 투쟁**은 발견하지 못했다.[10] 대다수의 다윈주의자(정작 다윈 본인은 항상 같은 입장은 아니었다)가 생존 경쟁의 지배적인 특징이나 진화의 주요 요인으로 여겼던 그 투쟁 말이다.

크로포트킨은 자신의 책에서 도시 이론에 대한 핵심적인 중요성을 제시하는 논제를 표명했다. 실제로 크로포트킨은 지구에서 가장 척박한 지역 가운데 몇 곳을 수차례 여행하는 동안, 그 지역의 식물이나 동물, 인간 무리 사이에서 경쟁적이거나 가장 힘센 자만이 살아남는 경기장의 개념에 적합하다고 묘사할 수 있는 행태는 거의 보지 못했다고 기록했다. 오히려 크로포트킨에게 명백해 보였던 것은, 의식적으로 서로 돕는 태도가 널리 퍼져 있으며, 시베리아처럼 극단적인 환경에서는 어떤 생명체든 생존할 수 있는 유일한 가능성이 자신의 종에 속한 다른 모든 개체와 (종종 다른 종의 개체들과도) 완전하고 무조건적인 협력을 통해 이루어진다는 것이었다. 분명한 건 경쟁 관계에서는 아니었다. 또한 크로포트킨은 풍부한 자원과 유리하고 안정적인 환경이 동시에 존재할 때만 개인 간에 경쟁이 일어날 가능성이 있다고 썼다. **이 조건 중 하나가 만족되지 못한 경우, 협력 혹은 상호 지원은 생존을 보장하기 위해 진화에 의해 선호되는 가장 효율적인 시스템이다.**

일반적인 상식을 거스르는 것 같아 보이지만 아주 놀라운 통찰이다. 사실 우리는 풍요로울 때가 아니라 자원이 부족한 상황에서 경쟁이 가장 치열할 것이라고 짐작하기 마련이다. 우리는 제한된 자원을 확보하기 위해 맹렬하게 싸우는 인간이나 동물을 얼마나 자주 생각해왔는가? 그것이 바로 오직 강한 자 단 한 명만이 살아남는 '검투사 윤리'다.

크로포트킨은 이에 관해 정확한 관찰과 수많은 사례를 잘 정리해 논문에 수록했다. 덕분에 협력이 진화의 핵심적인 원동력임을 뒷받침하는 과학적 증거를 처음으로 제공할 수 있었다. 그의 통찰은 현재처럼 불안정한 환경(지구온난화에서 유발되는 전형적인 환경)과 감소하는 자원이 특징인 시대에 우리가 도시를 상상하고 건설하는 방식에 있어 더 특별한 중요성을 지닌다.

그러므로 여기서 우리는, 게디스가 도시에 관해 기록한 내용에서 시너지와 협력을 강조한 바가 현재의 과학 지식에 의해 완전히 뒷받침된다고 확신할 수 있을 것이다. 이러한 관점에서 진화의 규칙은 유지된다. 반면, 다윈주의와 양립할 수 없는 지점은, **게디스가 도시 진화를 도시 자체에 내재한 일종의 발전 프로그램이 점진적으로 전개되는 과정으로 여겨야 한다고 제안한 경우다**. 실제로 다윈의 진화론은 바로 이러한 개념을 부정한다. 진화는 목적도 없고 달성할 본보기도 없다. 간혹 사람들이 말하는 것처럼 복합성이 커지지도 않는다. 그런 일은 전혀 없다. 변화는 어떤 방향으로든 흘러갈 수 있으므로, 진화를 예측할 수는 없다. 종과 도시 모두 변화무쌍한 환경 조건에 적응하면서 끊임없이 진화해나갈 것이라는 점만은 확신할 수 있다.

게디스가 파악하지 못했거나 어쩌면 받아들이지 못한 진화론의 핵심적인 개념 중 한 가지는 아주 사소한 변화들, 종종 서로 전혀 연결 고리가 없는 변화들의 조합이 거대한 진화로 이어질 수 있다는 것이다. 우발적인 작은 변화들이 새로운 질서를 부상시킬 수 있다는 것은 다윈의 위대한 통찰 중 하나

08   1868년 1월, 찰스 다윈은 《가축과 재배 식물의 변이》를 출간했다. 이 표에 수록된 비둘기는 인간이 선택한 많은 품종 사이에서 관찰되는 수많은 변이 중 일부일 뿐이다. 이 비둘기들처럼 도시들도 매우 다양하지만, 완벽하게 인식할 수 있는 구조는 유지한다.

였다. 진화는 대변동이 아니라 점진적인 작은 변화들로 이루어진다.

여기에 도시계획자들에게 귀중한 가르침 하나가 담

겨 있다. 도시의 운명은 건축 회사나 행정 기관이 독점하는 것
이 아니라, 시민들의 행동에 의해 좌우된다는 것이다. 시민들
의 일상적인 행동과 선택이 중장기에 거쳐 매번 눈에 띄지 않
을 정도로 도시의 구조를 수정한다. 이러한 관점에서 보면, 우
리 도시의 미래를 점치기 위해 부른 사람들은 필연적으로 진
화의 힘을 고려하여 작업해야 한다. 건축가라면 찰스 다윈의
《가축과 재배 식물의 변이 The Variation of Animals and Plants Under
Domestication》(1868)를 보라! 많은 것을 배우게 될 것이다. 그런
데 수많은 도시공학자는 최후의 창조론자들, 아직도 설계의 창
조력을 확신하는 자들 속에 머물러 있는 것 같다.

04

적자생존

동물

도시는 진정 생명체에 비할 정도로 진화의 주체일 뿐 아니라, 도시 자체가 그곳에 거주하는 종들의 진화를 강력하게 추동한다. 실제로 도시 환경은 아주 특별할 뿐 아니라 여러 면에서 극단적이기도 해서 생명체에 선택의 압력을 가하게 된다. 그 결과 식물, 동물, 미생물의 구조와 습성을 현저하게, 그것도 가능하다고 생각할 수 없을 정도의 속도로 바꿔놓을 수 있다. 이러한 현상에 대한 연구는 진화의 작용을 파악하기에 가장 흥미롭고 매력적인 분야 중 하나다.

지금 우리가 하는 이야기를 좀 더 자세히 알려면 여기서 잠시 중요한 단어 하나를 살피고 가야 한다. 이후의 내용에서 자주 언급될 이 단어는 가능하면 그 개념을 아주 정확하게 알고 있어야 한다. '생태계ecosystem'라는 용어는 1935년 영국의 식물학자 아서 탠슬리Arthur Tansley의 유명 에세이에서 처음 사용되었다.[1] 그러나 탠슬리의 요청이 있기는 했지만, 실제로는 다른 식물학자 아서 로이 클래펌Arthur Roy Clapham이 만든 용어다. 탠슬리는 유기체가 그들이 사는 환경, 즉 '독창적인 물리적 체계를 형성하는' 환경과 분리될 수 없다고 생각했다. 따라서 생태계는 '자연의 기본 단위'로 여겨지고, '종류와 크기가 매우 다양'하다. 또한 탠슬리는 유기체가 이러한 체계에서 가장 중요한 부분으로 여겨지지만, '유기체 사이에서뿐만 아니라 유기물과 무기물 사이에서도 각 체계 내에서 매우 다양한 유형의 지속적인 상호 교환이 이루어지기 때문에' 무기적인 요인도 중요하다는 것을 관찰했다.[2] 즉 생태계의 의미는, 시간의 흐름 속에서 약간의 변화가 있기는 하지만, 생태계에 살고 있는 모든 유기체와 상호작용을 하는 물리적 환경으로 구성되는 생태 체계, 말 그대로 생태계다. 유기체와 물리적 환경은 사실상 먹이사슬과 에너지의 흐름을 통해 불가분의 관계로 연결되어 있다.

이제 생태계가 무엇인지 명확한 개념을 갖게 되었으니, 지금까지 생명체와 비교했던 도시가 실제로 생태계라고 확실하게 말할 수 있을 것이다. 생태계에서 살고 있는 모든 유기체(인간 포함)와 도로, 건물, 황무지, 물 등의 물리적 환경으로 구성된 생태계, 지리적으로 어디에 위치하는지, 어떻게 건설되었는지, 얼마나 오래되었는지에 상관없이 그 특성이 항상 일정한 생태계다.

도시 생태계는 독특한 특성을 지닌 일련의 특징을 가지고 있다. 사실상 도시 생태계는 인류의 절반 이상의 인구를 수용하고, 지구에서 가장 빠르게 성장하는 생태계일 가능성이 높다. 높은 기온과 부족한 식물, 오염, 지나치게 많은 방수 표면, 도로와 건물로 분할된 단편화된 거주지 등 균일한 환경 요인으로 특징지어지는 이 독특한 생태계의 급속한 확산은 지구상의 모든 지역에서, 완전히 다른 기후와 위도에서 반복적으로 관찰된다. 이는 진화의 작용 방식을 분석할 수 있는 실험실 역할을 한다. 따라서 수십 년 전까지만 해도 우리와 도시 환경을 공유하는 종들에게 어떤 일이 일어나는지에 대한 연구가 아주 소수의 연구자에게만 관심을 끌었지만, 최근 몇 년 사이 전 세계 모든 주요 생물학 실험실에서 필수적인 연구 분야가 되었다. 그리고 연구 결과도 오래 걸리지 않고 나왔다. 생쥐부터 참새, 민들레와 클로버, 모기와 물벼룩에 이르기까지, 이 거대한 도시에 사는 생명체의 진화 실험에 직접적으로나 간접적으로 개입되지 않은 종이 없는 것 같다.

인간에 의해 발생한 진화 압력의 영향을 받은 생물에 관한 연구의 시초이자 진화의 작용 방법을 설명하는 가장 유명한 연구 중 하나는, 석탄 오염의 결과로 영국에 살고 있던 자작나무나방Biston betularia의 색상 변화에 관한 것이다. 1955년

09 자작나무나방은 티피카라는 밝은 형태와 카르보나리아라는 어두운 형태로 존재하며, 자작나무 줄기에 앉는 습성 때문에 이러한 학명이 붙여졌다. 이 나방은 진화론을 보여주는 명확한 증거로 알려져 있다. 거의 밝은색의 개체로만 구성된 무리는 19세기부터 오염으로 인해 서식지가 변질되고 이들이 앉는 나무들을 검게 만들어 거의 어두운 개체로 구성된 개체군이 되었다.

발표된 이 유명한 논문에서 영국 유전학자 버나드 케틀웰Bernard Kettlewell[3]은 영국에서 이 나방의 두 가지 형태, 즉 티피카typica라는 흰 형태와 카르보나리아carbonaria라는 검은 형태를 연구했다. 그는 왜 영국의 일부 지역에서 둘 중 한 유형이 더 많이 분포하고, 다른 지역에서는 그 반대의 현상이 일어나는지 의문을 제기했다. 더 정확히 말하면, 석탄 가루로 인한 오염의 영향을 덜 받은 지역에서는 흰 형태가 우세하여 자작나무의 밝은색 줄기 및 그 줄기 위에 있는 흰색 이끼류로 완벽하게 위장되었다. 이러한 자연 그대로의 상황에서 소수의 검은 형태가 나무의 흰 줄기에 앉으면 새들에게 잡아먹히기 쉬워 번식에 한계가 있었다. 도시 지역이나 도시가 아니더라도 도시와 가까워 오염이 많이 된 지역에서는 이와 반대의 현상이 일어났다. 이런 곳에서는 어디든 석탄 먼지가 뒤덮여 있었고, 나무줄기도 예외가 아니라서 흰 형태가 앉으면 두드러지는 반면, 검은 형태는 완벽하게 위장되었다. 이러한 지역에서는 당연히 흰 형태가 새들의 먹이가 되고, 검은 형태가 자유롭게 번식할 수 있었다.

케틀웰의 연구 이후 몇 년 동안, 영국에서는 석탄 입자 배출에 관해 아주 엄격한 규정이 시행됐다. 그을음으로 인한 오염 발생을 상당히 규제한 이러한 법률 덕분에 나무들은 원래의 밝은색으로 되돌아왔고, 단기간에 흰나방 개체 수도 증가되어 원래 상태로 회복되었다. 간단히 말해, 이 자작나무나방 덕분에 인간의 활동으로 인해 도시 환경이 변화하면 우리와 같은 환경을 공유하는 다른 종의 진화에 직접적인 영향을 미칠 수 있다는 명확한 증거를 얻었을 뿐 아니라, 환경 변화에 따라 달라지므로 적자생존이 사전에 예측될 수 없다는 사실을 보여주는 훌륭한 사례를 확보하게 되었다.

동물이든 식물이든, 도시에 사는 종 대부분이 빠른 속도로 새로운 도시 환경에 자신들의 몸과 습성을 적응시키고 있다. 뉴욕 쥐의 아주 작은 이빨부터 런던 지하철의 여러 노선 안에서 살아가도록 특화된 모기, 포식자로부터의 방어를 점점 줄여가는 클로버부터 도시 새들의 수천 가지 적응 방식까지, 도시에 유용할 수 있는 변형의 수는 어마어마하다. 이러한 변화는 우리가 이러한 종에게 갖는 친밀감과 이들이 도시 생태

　　　　　　　　　　　　　　　　식물성 도시, 피토폴리스

계에 적응하면서 드러내는 유연성을 통해 우리의 상상력을 자극한다. 그러나 도시 생물이 겪는 변화의 대부분은 더 은밀하고 덜 매력적이며, 가능한 한 인간으로부터 비롯된 재앙에 저항하는 능력과 관련이 있다.

킬리피시killifish는 전 세계 수족관에서 매우 흔히 발견되는 물고기다. 이 작고 매우 흔한 물고기의 이상한 이름은 하천을 뜻하는 네덜란드어의 킬kil에서 유래되었다. 하천 물고기, 즉 사실상 일반적으로 킬리피시로 알려진 수많은 종 중 대부분이 담수나 기수(담수에 비해 염분이 높으나 해수보다는 낮은 물)에 서식한다. 이러한 물고기, 즉 미국의 대서양 연안을 따라 서식하는 특정 킬리피시인 푼둘루스 에테로클리투스Fundulus heteroclitus에 관한 관심은 1980년대에 환경보호청Environmental Protection Agency, EPA 연구자들이 북미에서 가장 오염된 지역에서 수없이 진행한 관찰 덕분에 생겨났다. 이 지역들 가운데 여러 곳에서, 이제까지 본 것 중 탄화수소의 오염도가 가장 높은 물에서도 헤엄쳐 다닐 수 있을 정도로 완벽하게 건강한 킬리피시가 발견되었다. 킬리피시는 탄화수소로 인한 오염에 매우 민감한 종으로 여겨졌기 때문에 설명이 불가능한 일이었다. 연구자들이 확신할 수 있었던 한 가지는, 특정 장소에서 킬리피시가 발견되지 않을 것이라는 사실이었다. 그러한 지역들은 매우 고농도의 다환방향족탄화수소(PAHs), 폴리염화바이페닐(PCBs), 즉 석유 유출이나 산업 오염 발생 시 매우 흔한 다수의 화학

10 푼돌루스 에테로클리투스는 미국과 캐나다의 기수와 연안 해역에 서식하는 작은 물고기다. 이 종은 다양한 염도와 6~35℃의 온도 범위, 매우 낮은 산소 수치에서도 저항력을 보여주는 강한 어종으로 알려져 있다. 최근 이뤄진 일부 연구를 보면 이 종이 다이옥신이나 탄화수소와 같은 화합물로 심하게 오염된 지역에서도 유전자의 20% 이상을 변형하여 생존할 수 있는 것으로 확인되었다.

물질로 오염되어 아주 소수의 생명체만 버틸 수 있었다. 도시 환경에서는 매우 흔한 오염 물질들이다. 그런데 그 관찰 결과에 이어 발표된 연구 결과에서 가장 인상적인 점은 이러한 물질에 대해 킬리피시의 저항력이 놀라울 정도로 증가한 것이다. 몇십 세대를 거치는 동안 이러한 오염 물질보다 6,000배 높은 농도에서 별 무리 없이 버틸 수 있는 킬리피시 개체군이 형성되었다.[4]

　　얼핏 보면 매우 재앙과도 같은 환경의 변화에도 적응하는 종의 능력을 보면, 우리 인간에게 희망을 품게 하는 놀라운 결과로 보일 것이다. 그러나 킬리피시에게 일어난 일은 재현되기 어려운 사례다. 실제로 이 물고기가 이러한 오염 물질에 대한 저항력을 발달시킬 수 있었던 이유 중 하나는 엄청난 규모의 개체군 때문이었다. 또 그 엄청난 규모의 개체군에는 다른 모든 척추동물과 비교가 되지 않는 유전적 다양성까지 지니고 있었다. 여러 도시의 하천에서 킬리피시는 가장 흔한 척추동물이며, 각 하천마다 수천수백만 마리의 개체가 서식한다. 이렇게 엄청난 수의 동물군은 유전적 다양성도 대단한 규모를 갖추어, 수많은 오염 물질에 저항할 방법을 터득한다. 이러한 개체군이 오염된 지역에 접촉하면, 저항력이 없는 개체는 모두 죽고 특별히 유리한 변이가 있는 운 좋은 극소수만 살아남는다. 즉 킬리피시가 살아남은 것은 그 어종이 이미 지녔던 완벽한 대응책 중에 적절한 방법이 있었기 때문이다. 그보다 개체수가 작은 수많은 종(대응책을 훨씬 적게 보유한 종들)은 달리 저항할 방법이 없다. 즉 킬리피시가 버틸 수 있는 오염 수준은 다른 모든 종에게는 멸종을 의미한다.

도시 진화가 일어난 장소와 관련된 종 중에서 또 다른 흥미로운 예는 런던 지하철의 모기다. 쿨렉스 몰레스투스Culex molestus는 일반 모기의 친척이지만, 런던 지하철 갱도 내에 고립되어 유전적으로 변이한 것으로 보이는(결정적인 증거는 없다) 특별한 모기다. 이 모기들은 제2차 세계대전 중 런던 공습 중 폭격을 피해 센트럴Central 노선과 피커딜리 서커스Piccadilly circus 역 안으로 피신한 사람들이 모기에게 물려 매우 힘들었다고 토로할 정도로 그 지하 환경에 잘 적응했다. 1990년대 런던대학의 유전학자 캐서린 번Katharine Byrne[5]이 지하철 유지보

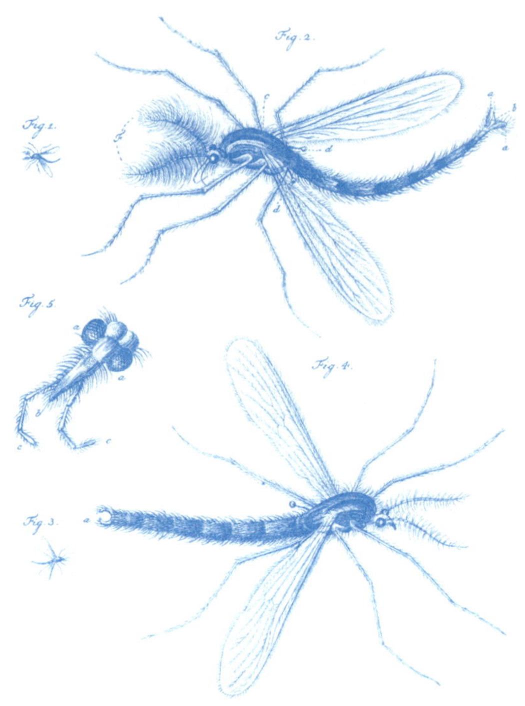

11 쿨렉스 피피엔스 모기는 지구 곳곳에 분포되어 있다. 쿨렉스 속의 수컷은 무해하며 꿀을 먹는 반면, 암컷은 알을 낳기 위해 척추동물, 특히 포유류와 조류의 피를 빨아 먹는다. 런던 지하철에서 쿨렉스 피피엔스의 아종이 발견되었는데, 사람의 혈액만 먹으며 지하철이라는 새로운 환경에 완벽하게 적응했다.

수팀과 합류하여 센트럴, 베이커루Bakerloo, 빅토리아Victoria 노선의 터널에서 나온 모기 샘플을 수집한 결과, 이 개체군이 서로 다를 뿐 아니라, 지상에서 사는 같은 종의 모기와도 구별된다는 것을 알게 됐다. 네덜란드의 진화생물학자 메노 스힐트하위전Menno Schilthuizen은 도시 환경에서의 종의 진화에 관해 서술한 책에서,[6] 이 모기들의 습성은 지상의 모기들과 완전히 달

 식물성 도시, 피토폴리스

랐다고 진술했다. 지상의 모기는 사람 이외에 새의 피도 빨아먹고, 알을 낳기 전에 독특한 과정을 거친다. 암컷은 피를 주식으로 영양분을 섭취하고, 짝짓기를 위해 대형의 무리를 지은 후 동면에 들어간다. 지하에서 사는 모기들은 완전히 다른 습성을 보였다. 지하철에서 사는 모기들은 사람의 피만 빨아먹고, 피를 먹기 전에 알을 낳으며, 어둡고 좁은 공간에서 짝짓기하고, 번식을 위해 무리를 형성하지 않으며, 1년 내내 활동한다. 그런데 살아 있는 유기체가 인간이 만든 환경에 적응하기 위해 습성을 바꾸는 속도를 살펴보면, 우리의 행동, 예를 들면 도시 환경의 확산과 같은 우리 인간의 행동이 생명체에 돌이킬 수 없는 영향을 미친다는 것을 다시 한번 깨달을 수 있다. 지금 당장은 우리와 아무 관련이 없는 것 같지만 우리의 책임인 것이다.

적응에 관한 이러한 연구에서 핵심 과제 중 하나는 이것이 단순한 적응인지 아니면 진정한 진화인지를 파악하는 것이다. 그런데 절대 간단하지 않은 문제다. 예를 들어, 런던 지하철 모기의 경우, 이를 새로운 종으로 봐야 할지, 단순히 동일한 종의 개체군으로 봐야 할지 결정되지 않은 상태다. 일반인들은 별 관심을 두지 않는 관련자들의 전형적인 논쟁으로 보일 수도 있다. 핵심은 지하철 모기가 지상의 다른 모기와 다르게 불려야 하는지 따위의 문제가 아니라, 진화가 어떻게 작동하는지에 있다. 진화는 우발적이고 미세한 변이를 통해 진행되며, 새로운 종이 형성되기까지 수많은 세대를 거쳐야 하는 것일까? 아니면 그 반대로, 아직 우리가 알아내지 못한 측면들이 존재하여 이러한 현상을 훨씬 빠르게 만들 수 있을까? 이처럼 근본적인 문제에 대한 답을 찾으려면 과학자들이 세대를 이어가며 노력해야겠지만, 도시 생태계에 관한 연구가 중요한 도움을 줄 수 있다. 그래서 살아 있는 유기체가 변화된 환경에 적응하기 위해 행할 수 있는 두 가지 반응, 즉 세대가 바뀌면서 나타나는 유전적 변화인 진화인지, 혹은 이름은 어렵지만 일생에 걸쳐 신체적 특성과 행동을 변화시키는 능력을 의미하는 단순한 표현형 가소성인지를 반드시 구분해야 한다. 바꿔 말하면, 지하철 모기는 지상의 다른 모기와 유전적으로 다른 것일까, 아니면 그저 지하 생활에 적응한 것일까? 진화가 어떻게 작동하는지에 관한 우리의 이해는 바로 이러한 질문들을 중심으로 전개된다.

의심의 여지가 없어 보이고, 실제로 도시 환경에 적응하기 위해 변화했다고 판단되는 유기체는 물벼룩이다. 단 몇 밀리미터밖에 되지 않는 길이의 작은 담수 갑각류인 다프니아 마그나Daphnia magna는 열기와 오염, 심지어 지역 포식자에 대응하여 도시에서 스스로 진화하는 놀라운 능력을 보여주었다. 솔직히 물벼룩은 표현형 가소성과 적절하게 이루어진 진화를 통한 적응 현상이 공존하는 완벽한 사례다. 높은 온도에서 물벼룩을 사육하면, 크기가 작아지고 성장 및 번식 속도가 더 빨

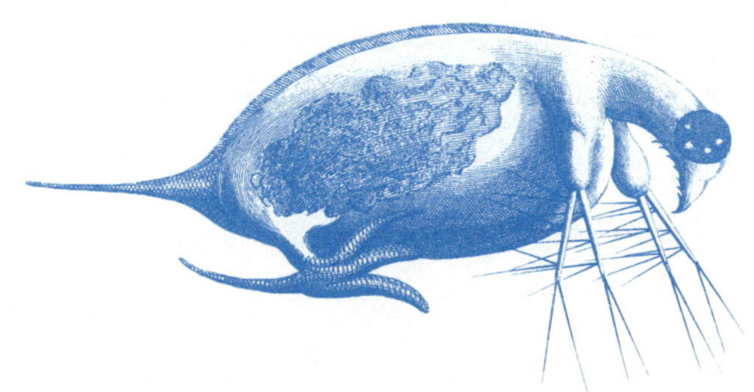

12 위의 그림과 같이 생긴 물벼룩은 물벼룩 속에 속하며, 길이 1~5mm 미만의 매우 작은 갑각류다. 이 작은 동물은 웅덩이나 연못, 강 속에서 살고, 수로의 상태를 나타내는 지표로 여겨진다. 도시 환경에서 자라는 물벼룩은 새로운 조건에 적응하여, 도시에서 빠르게 성장하고 새끼를 일찍 낳으며 농촌 지역에 사는 물벼룩보다 크기는 더 작은 것으로 나타났다.

라지는 경향을 보이는 것을 알 수 있는데(시골 지역에 비해 도시 수역에서 발견되는 물벼룩이 이러한 경우가 많다), 이것이 표현형 가소성의 전형적인 사례다.[7] 그러나 시간이 흐르고 더 더운 도시의 연못에서 수세대에 거쳐 안정적으로 사는 물벼룩이 유전적 유산을 변화시키는데, 이것은 진화다.[8]

종이 너무 많이 변화하여 진화의 기원인 원래의 종과 더 이상 교배가 불가능할 정도로 크게 변화했다면, 우리는 '종분화speciation'라는 것이 일어났다고 확신할 수 있다. 즉 새로운 종이 탄생한 것이다. 이 종 분화 현상을 설명하는 데 고전적으로 자주 언급되는 사례가 찰스 다윈이 갈라파고스 군도에서 관찰한 핀치새다. 이미 들어본 사람이 많을 것이다. 다윈이 브리건틴 HMS 비글호를 타고 세계 일주 탐험 여행을 하던 중,

1835년 9월 15일에 갈라파고스에 상륙하여 5주간 머물렀다. 그 짧은 탐험 동안 다윈이 갈라파고스 군도의 동식물군에 대해 실시한 조사는 확실히 과학사에서 가장 중요한 조사 중 하나로 기억될 것이다. 갈라파고스 군도는 18개의 주도와 수많은 소규모 섬으로 이루어진 곳으로, 진화론 연구에 중요한 수많은 고유종이 서식하고 있다. 실제로 다윈은 이 군도에서 소소하지만 여지없이 분명한 차이로 인해, 서로 유사하면서도 명확히 다른 수많은 종을 관찰했다. 예를 들면, 서식했던 섬의 환경에 따라 등껍질이 약간씩 다른 거대 거북이나 다윈의 핀치새 등이다. 이 새들은 크기나 깃털 모두 굉장히 비슷했지만, 먹이 유형에 따라 발달한 부리의 형태로 구분되었다. 다윈은 이 모든 핀치새 종이 공통된 조상에서 유래했다는 기발한 생각을 했다. 현재 우리는 이 핀치새의 공통 조상이 약 2백만 년 전에 갈라파고스에 서식지를 마련했고, 이후로 18종으로 진화했다는 것을 확실하게 알고 있다. 이 진화한 종들은 현재 몸의 크기나 부리 모양, 지저귀는 소리 및 먹이 먹는 습관이 매우 다르다. 핀치새의 기원에 대한 다윈의 통찰을 완벽하게 입증하기 위해 2015년에 《네이처Nature》에 한 연구가 발표되었는데,[9] 이러한 종들의 차이가 인간과 다른 척추동물에서는 두개골의 발달을 조절하고, 핀치새에게서는 부리의 형태를 다양하게 만드는 유전자인 alx1의 차이 때문이라고 했다.

《종의 기원》에서 한 구절을 읽어보자. 이 구절은 당시

  식물성 도시, 피토폴리스

1. 마그니로스트리스   2. 포터스   3. 파불라   4. 올리바세아

13 찰스 다윈은 1835년 9월 15일부터 10월 20일까지 갈라파고스를 탐험하면서 관찰한 동식물을 기록했다. 이 여행은 그의 진화론이 발전하는 데 결정적인 순간 중 하나로 꼽을 수 있는 시기다. 특히 여러 섬에 서식하고, 서로 다른 식습관에 적응하면서 부리의 크기가 각기 달라진 수많은 종의 핀치새 사례가 공통 조상에서 여러 종으로 분화되는 것을 명확히 보여주는 경우라고 다윈은 생각했다. 현재 우리는 이러한 현상을 '적응방산adaptive radiation'이라고 알고 있다.

다윈이 지닌 통찰의 깊이를 명확하게 보여준다. 당시의 과학은 종들이 신 의지의 일환으로 서로 독립적으로 창조되었다는 것을 믿고 있었다는 점을 기억하자.

우리에게 가장 중요하고 놀라운 사실은 섬에 서식하는 종과 섬에서 가장 가까운 대륙에 서식하는 종들 사이의 유사성인데, 이들은 동일하지는 않다. 이러한 점에 대해서는 수많은 사례를 인용할 수 있을 것이다. 갈라파고스 군도는 남아메리카 해안에서 500~600마일(약 900km) 떨어진 적도 아래에 위치한다. 군도의 모든 육상 및 수생 유기체는 확실한 아메리카 대륙 유형의 특징을 지니고 있다. 육지의 조류 26종 중 21종 혹은 23종이 서로 다른 종으로 분류되고, 일반적으로 이곳에서 창조되었다고 가정하지만, 이들 조류 대다수가 가진 습성이나 행동, 지저귀는 소리 등 모든 특성에서 미국 종과 긴밀한 유사성을 보인다. 조지프 후커Joseph Hooker가 이 군도의 식물에 관해 기술한 뛰어난 저서에서 증명한 바와 같이, 다른 동물과 대부분의 식물에서도 같은 현상이 일어난다. 이 자연과학자는 대륙에서 수백 마일 떨어진 이 태평양의 화산섬들에 서식하는 생물들을 관찰하면서 아메리카 대륙에 있는 느낌을 받았다. 왜 그랬을까? 다른 곳이 아닌 갈라파고스 군도에서 탄생하였다고 추정되는 이러한 종들이 왜 아메리카 대륙에서 생성된 종과 인척 관계에 있다는 흔적이 왜 이렇게 분명하게 나타나는 것일까? 이 군도의 생활환경 및 지질학적 특성, 섬들의 고도와 기후, 서로 다른 계층이 서로 결합하는 비율 등은 남아메리카 해안의 조건과 유사한 면이 전혀 없다. 오히려 모든 측면에서 현저한 차이점이 있다. 반면 이 섬들과 카포베르데 군도의 섬들은 화산 토양의 특성과 기후, 고도 및 면적 등에서 상당한 유사성이 있다. 그런데 양쪽 군도에 서식하는 생물들에게는 완전히, 절대적인 차이가 있다! 갈라파고스에 서식하는 생물들과 아메리카 대륙 생물들의 관계처럼, 카포

　　　　　　　　　　　　식물성 도시, 피토폴리스

베르데 섬들의 생물은 아프리카 대륙의 생물과 연관되어 있다. 현재의 독자적 창조론은 이러한 사실에 대한 그 어떤 설명도 하지 못한다. 반면, 여기에 제시된 이론에 의하면, 이전에 섬들이 육지와 연결되어 있었기 때문이든(나는 이 의견에 동의하지 않는다) 우연한 이동 수단을 통해서든, 아프리카 대륙에서 이주한 생물이 카포베르데 섬들에 있는 것처럼, 갈라파고스 군도에도 아메리카 대륙에서 이주한 생물들이 들어왔을 것이다. 두 생물 모두 변화를 거쳤을 수 있지만, 유전의 원칙은 항상 그들의 기원을 드러낼 것이다.[10]

요약하면, 갈라파고스와 그 섬에서 서로 분화하여 진정 새로운 종이 형성된 핀치새 덕분에 다윈은 탄생하는 방식을 새롭게 상상할 수 있었다. 그러나 새로운 종의 탄생은 이론적으로 완벽하게 이해할 수 있다고 해도, 보통 실제로 관찰하기는 매우 어렵다. 그렇다고 이것이 다윈의 이론이 과학적 증거로 뒷받침되지 않는다는 뜻은 아니므로 주의해야 한다. 새로운 종의 형성을 포함하여 말 그대로 수많은 증거가 있다. 요점은 진화라는 현상을 관찰하기가 어렵다는 것인데, 진화의 영향이 명백한 결과를 드러내기까지 수많은 세대를 거쳐야 하기 때문이다. 이 때문에 도시가 중요한 역할을 한다. 사실상 도시는 동종 '종 분화'라고 불리는 특별한 과정을 통해 새로운 종이 창조되기에 완벽한 장소다. 지리적 장벽이 동일한 종에 속하는 개체군의 일부를 분리한다고 생각해보자. 예를 들어, 어떤 강이 헤엄치지도 못하고 날지도 못하는 유기체 군의 일부를 동일한 종의 다른 개체들과 분리하고 있다고 생각해보자. 이 유기체들에 강이라는 물리적 장벽은 넘을 수 없는 장벽일 것이다. 이번에는 이 고립된 개체군이(새로운 영토는 당연히 섬으로 규정할 수 있다) 계속 이러한 고립 상태에서 상당히 여러 세대 동안 산다고 생각해보자. 시간이 흐르면서 다양한 환경 조건에서 일련의 유전적 변이가 발생하고, 이에 따라 고립된 개체들이 더 이상 원래의 개체군과 교차할 수 없게 된다. 실질적으로 새로운 종이 발생하는 것이다.

자연 현상의 영향 이외에, 이렇듯 극복할 수 없는 유형의 장벽은 언제나 인간의 활동으로 인해, 특히 도시화와 관련된 활동으로 인해 발생하는 경우가 가장 많다. 도시화가 이전에 동물이나 식물이 살았던 서식지를 분리하거나 방해하여, 장기적으로 새로운 종을 발생시킬 수 있는 현상을 일으키기 때문이다. 예를 들어, 뉴욕 쥐에게 일어난 일을 생각해보자. 2018년 뉴욕 포드햄대학교의 생태학자 그룹이 쥐 262마리의 유전체를 분석하여, 이 동물들이 구역에 따라 서로 다른 유전자 프로필을 형성하고 있으며,[11] 미국의 뉴올리언스, 브라질의 살바도르를 비롯해 캐나다의 밴쿠버 등 다른 도시에서도 동일한 현상이 일어나고 있다는 것을 알아냈다.[12] 이에 대한 설명은 앞서 우리가 이야기한 동종 종 분화에서 찾을 수 있었다. 도로나 운하, 건설된 장벽이 쥐 개체군을 분리하여 같은 도시에서도 구역에 따라 유전적 변이가 일어나게 만든 것이다. 물벼룩이나 지하 노선에 따라 분화되는 지하철 모기의 경우와 마찬가지로, 라투스 노르베지쿠스Rattus norvegicus(시궁쥐) 종의 쥐에서 발견된 유전적 변화는 시간이 흐르면(아주 오랜 시간이 지나면) 새로운 종의 부상으로 이어질 수 있는 과정의 초기 징후로 간주해야 한다. 도시에 사는 쥐들에게 변이를 일으키는 또 다른 변화는 쥐의 두개골로 인한 것으로, 두개골의 변화로 서서히 주둥이가 길어지고 이빨은 점점 더 짧아지고 있다. 이러한 변화는 도시에서 사는 모든 설치류에서 흔히 나타나는 것으로, 인간이 버린 음식 찌꺼기를 먹고사는 식생활에 적응하기 위한 것으로 봐야 할 것이다.

도시 환경을 우리와 공유하는 모든 동물은 어떤 방식으로든 그들의 행동을 변화시키고 있다. 도시에서 살고자 하는 종들에게 몇 가지 문제가 발생하고, 그 문제들을 해결하려면 상당한 변화가 필요한 경우가 많다. 예를 들어, 새들이 이전과 매우 다른 환경에 적응하려면 얼마나 힘들 것인지 생각해보자. 수많은 새가 도시 특유의 배경 소음 속에서도 자신의 소리를 들리게 하려고 지저귀는 소리의 톤과 음량을 높였다. 또한 계속 켜져 있는 조명에 대응하기 위해 활동 주기를 바꾸었다. 마지막으로 기온 상승에 대해서는 번식 시기를 앞당겼다. 이러한 변화는 대부분 적응을 위해서였다. 유전적 변이와는 관련이 없지만, 시간이 지나면서 우리와 도시 생태계를 공유하는 대다수 종에게 도시적 대응들이 발생하는 것은 어렵지 않게 상상할 수 있는 일이다. 앞으로 보게 되겠지만, 식물도 마찬가지다.

식물

이처럼 도시는 그 안에 사는 동물들을 궁극적으로 변화시켜 원래의 종과 다른 정의를 내릴 수 있는 진정 새로운 종을 탄생시킬 수 있다. 이 점을 상기시키는 이유는, 도시 환경이 생명체에 끼치는 영향을 항상 분명하게 알기를 바라기 때문이다.

동물이 이러한 진화의 압력을 받는다면, 환경과 연결되어 있고 그에 의존하고 있어 훨씬 더 밀접한 관계에 놓여 있는 식물은 더 근본적인 방식으로 진화에 대한 압박을 받을 것이라고 예상할 수 있다. 실제로 도시의 식물들은 급격하게 빠른 변화를 겪고 있으며, 지금까지 조사한 모든 종에서 발견한 적응이나 진화로 인한 변이가 매우 중요해서 그 주요 특성들만 지목하는 데에도 상당한 시간이 필요하다. 놀라운 것은, 식물을 대상으로 실시한 연구들이 동물에 관한 연구에 비해 정말 미미한 수준이라는 것이다. 그러나 식물을 대할 때마다 놀라운 결과를 확인할 수 있었다. 식물은 도시 생태계에 가장 적합한 방식으로 적응하기 위해 그들의 행동 메커니즘과 방어 전략을 비롯해 전체적인 습성을 바꾸고 있다.

식물은 우리 도시의 향후 몇 년 동안의 생존 가능성

을 보장한다. 그렇기에 매우 중요하다. 식물이 도시 환경에 어떻게 적응하는지를 연구하는 일은, 식물학과 같은 부차적인 분야에 관심 있는 독특하고 특이한 소수 연구자를 위한 연구 주제가 되어서는 안 된다. 그것은 과학적으로 우선순위에 있어야 한다. 식물들이 도시 환경에 적응하기 위해 그들의 습성을 바꾸고 있을까? 식물에게 그런 능력이 있을까? 할 수 있다면 어느 정도의 규모로, 얼마나 빨리 변화할 수 있을까? 이는 우리 도시의 지속 가능성을 위한 각종 전략을 구상하기 전에, 반드시 답을 찾아야 하는 필수적인 질문 중 하나일 뿐이다. 식물은 과연 그들의 확산 메커니즘을 변화시키고 있을까?

이러한 질문에 대한 답을 찾기 위해 2008년 몽펠리에 CNRS(프랑스 국립과학연구소)의 피에르올리비에 셉투Pierre-Olivier Cheptou는 도시에서 일반적으로 보도 블록 위에 좁은 틈이나 아주 조금 남은 공터 혹은 나무 주변에서 매우 흔한 식물인 크레피스 상크타Crepis sancta를 연구하기 시작했다.[13] 일반적으로 '성지의 국화'라고 부르는 이 작은 식물은 국화과에 속하며, 실제로 지중해 지역 전역의 복잡한 서식지(도시 지역)에서 흔히 볼 수 있다. 또한 그 씨앗이 특이해서 종의 확산 메커니즘에 대한 도시 환경의 영향을 연구하는 데 매우 중요한 역할을 한다. 실제로 크레피스 상크타는 두 가지 유형의 열매(정확히 말하면 수과)를 맺는데, 한 가지는 꽤 크고 무거우며 관모(바람의 작용으로 씨앗이 확산하는 데 도움을 주는 깃털이 많고 가벼운 부속물)가

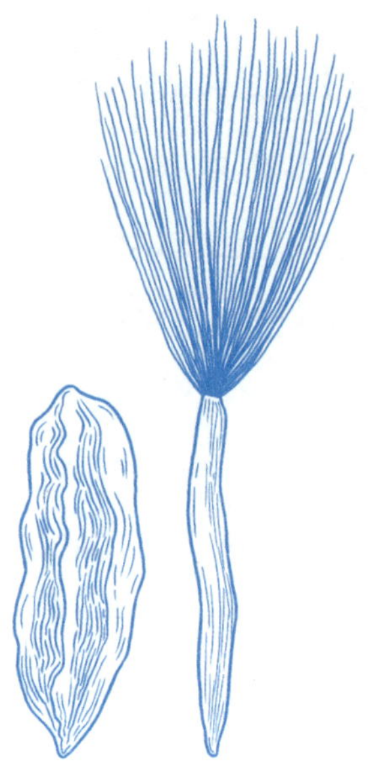

14 크레피스 상크타는 장애 요소가 많은 지역에서 아주 흔한 국화과의 식물이다. 이 종의 두드러진 특징 중 하나는 두 가지 유형의 열매(수과)를 맺는 것인데, 한 가지는 꽤 묵직하고 관모가 없으며(왼쪽) 모주 옆으로 금방 떨어지고, 다른 한 가지는 더 가볍고 관모가 있으며(오른쪽) 바람에 실려 이동할 수 있다.

없어 금방 바닥에 떨어지지만, 다른 한 가지는 매우 가볍고 관모가 있어 바람에 실려 먼 거리까지 이동할 수 있다. 이 식물이 도시 외곽 지역에서 자라고, 서로 다른 분산 메커니즘을 갖춘 두 유형의 열매를 맺기 때문에 도시 환경에서 종자 분산에 어떠한 일이 일어나고 있는지 연구하기에 좋은 표본이 된다. 종자 분포의 전형적인 벡터vector(운송자, 즉 바람이나 물 혹은 다른 동물 등이 포함된다)의 영향이 시골과 도시는 상당히 다르기 때문에 중요한 문제다.

예를 들어, 종의 확산 가능성을 바람에 맡기는 모든 종을 생각해보자. 이러한 종은 도시 서식지에 무수히 많아서 아주 흔하다. 그러나 도시에서는 매우 높은 건물이나 장벽이 있는 경우가 많기 때문에, 바람이 아예 없는 것은 아니지만 그 존재와 강도가 야외 환경에 비해 상당히 떨어진다. 심지어 바람이 불지 않으면 도시 열섬을 형성하기 때문에, 도시는 외곽의 시골 환경보다 훨씬 더 덥다. 그렇다면 바람이 없는 상황에서는 바람을 수단으로 씨앗을 퍼뜨리는 종은 어떻게 도시에서 번성할 수 있을까? 이에 대한 답은 셉투가 크레피스 상크타의 습성에 관해 연구하며 초창기에 얻어낸 흥미로운 정보에서 찾아볼 수 있다.

몽펠리에에서 도시 식물군을 조사한 후 셉투가 알아낸 것은 무거운 열매의 비율이 농촌 환경에서 일반적으로 생산하는 것보다 더 높다는 것이었다. 잠시 후에 살펴보겠지만, 무거운 열매의 양이 정확히 10%에서 14%로 증가했다. 차이가 얼마 안 나는 것 같지만, 이것은 이 식물이 도시 환경에 더 적합한 씨앗 확산 전략을 택했다는 것을 결정적으로 보여준다. 좀 더 자세하게 설명하자면, 종자 확산에서 식물에 따라 사용되는 전략이 다를 수 있다. 씨앗을 대량 생산하여 바람이나 물에 의존하여 확산하는 종이 있는가 하면, 동물을 가장 믿음직한 벡터로 이용하는 종도 있다. 이 경우 씨앗이 동물의 식욕을 돋우는 열매 속에 들어 있기 때문에 먹힐 수 있다. 그래서 다른 특별한 전략, 예를 들면 고리나 접착 성분과 같은 것을 통해 동물의 털에 씨앗을 붙이는, 일명 히치하이커 방법을 통해 이동하기도 한다. 어떤 전략을 선택하든, 무엇보다 중요한 것은 모주가 최대량의 씨앗을 가능한 한 최대한 멀리 확산시키는 것이다. 반대로, 씨앗이 모주 근처에 떨어지면 종의 확산이 전혀 일어나지 않고, 나아가 모주 옆에서 자란 자손들은, 다른 형제들은 물론 자기들의 모주와 함께 한정된 공간과 영양분을 두고 경쟁해야 한다. 이러한 상황은 결코 이상적이라 볼 수 없다.

크레피스 상크타를 비롯한 다른 수많은 종이 두 유형의 열매를 생산하는데(한 유형은 확산 메커니즘을 갖추고 있고, 다른 유형은 이동이 불가능하여 모주 옆에 떨어져 같은 자리에 머무른다), 이는 크레피스와 같은 일부 종이 마련한 일종의 보험 같은 것이다. 이 때문에 이동이 불가능한 열매의 비율은 일반적으로 약 10% 내외로 낮다. 신중한 투자자가 손실을 대비해 안전한 은신처로 항상 저축의 일정 비율을 수익은 낮지만 안전한 투자처에 두는 것과 비슷하다. 마찬가지로 크레피스는 도시와 같이 바람이 불지 않고 기온이 높은 데다 씨앗이 열악한 환경에 처할 가능성이 매우 많은 곳에서 활발하게 자손을 퍼뜨릴 수 있도록 무거운 종자의 비율을 늘린다.

몽펠리에에서 관찰한 것이 단순한 적응인지 혹은 변이의 결과인지를 확인하기 위해, 프랑스 연구자들은 도시와 외곽의 시골 환경에서 씨앗을 수집하여 동일한 조건의 온실에 심었다. 그러고 나서 이 식물들이 성장할 때까지 기다렸다가 그 씨앗을 수집한 결과, 도시 식물의 경우 무거운 수과가 14%를 기록한 반면, 시골 식물에서 생산된 동일한 수과의 비율은 10%밖에 되지 않았다. 셉투와 연구팀은 수학적 모델을 동원하여 돌연변이가 단 10세대 만에 발생했다는 것을 확인했다. 정말 믿을 수 없을 정도로 짧은 기간이었다.

그렇다면 이걸로 된 것일까? 최선의 방법으로 도시 생활에 맞설 준비가 된 것일까? 불행하게도 그렇지 않다. 크레피스의 경우와 같은 변이가 일어날 때마다 사실상 발생하는 현상은 해당 개체군의 유전적 단절이 증가하는 것인데, 이렇게 되면 해당 식물이 새로운 기후변화에 신속하게 적응할 수 없게 될 위험이 있다. 예를 들어, 이러한 종자 확산 전략을 위한 변화가 대다수의 수과에 지속적으로 영향을 미친다고 생각해보자. 이때 환경의 기본적인 매개변수 중 어떤 것이 바뀌면 어떤 일이 발생할까? 어떤 원인으로(예를 들면 갑작스러운 토양오염으로) 몽펠리에 지역이 크레피스가 살 수 없는 환경이 되면, 더 이상 가벼운 수과를 맺지 못하게 된 크레피스는 생존할 수 있는 새로운 서식지로의 이동이 불가능해질 것이다. 요약하자면, 셉투의 연구를 통해 환경에 대응하는 이 종의 뛰어난 유연성은 증명되었으나, 이러한 점으로 인해 미래가 위태로워질 수도 있다. 진화에는 알맞은 답이나 이상적인 본보기가 없으므로 매력적이기도 저주 같기도 하다. 진화는 환경의 변화에 대응하여 매번 가장 적합한 방법을 선택하고 나머지는 모두 쓸어버리는 시행착오를 거듭하고 있다. 우리는 어떤 경우에도 그러한 문제에 대한 책임은 결코 진화에 있는 것이 아니라, 우리 인간이 만드는 격변이 지나치게 강하고 갑작스러운 데다가 빠르기까지 해서 자연스러운 진화 작용과 양립할 수 없기 때문이라는 점을 항상 기억해야 한다.

2017년, 유전적 다양성의 상실로 인한 유전적 단절이 도시에 거주하는 모든 개체군이 겪는 일반적인 양상 중 하나이며, 이러한 현상이 발생하는 가장 흔한 원인이 소위 창시자 효과founder effect라는 것과 관련 있다는 한 연구 결과가 발표되었다.[14] 집단유전학의 기본 개념인 이 효과에 약간의 설명을 덧붙일 필요가 있겠다. 1954년, 에른스트 마이어Ernst Mayr가 처음으로 창시자 효과[15]라는 개념을 상세하게 설명했다. 창시자 효과는 새로운 집단이 더 큰 집단의 극소수 개체로부터 출발하여 새로운 지역에 정착할 때 발생하는 유전적 변이의 상실 과정을 말한다. 이 효과의 전형적인 예로는 유전적으로 원래 집단의 대표적인 성향을 나타내지 않는 소규모 이주민 그룹이 새로운 지역에 정착할 때마다 발생하는 현상을 들 수 있다. 이 새로운 집단은 유전적 부동genetic drift(생물 집단의 생식 과정에서 유전자의 무작위 선택으로 나타나는 대립형질의 발현 빈도 변화)에 대한 민감도의 증가 및 근친 교배의 증가 그리고 상대적으로 낮은 유전적 변이를 나타낸다. 다시 말해, 이러한 집단을 형성하는 개체들이 서로 매우 유사하여 특별한 환경 변화에 무리 없이 대처할 수 있을 정도의 폭넓은 유전적 수단을 갖추고 있지 않은 것이다.

이 효과의 작용 방식을 보여주는 전형적인 예로는 화산 폭발로 인해 처음부터 만들어진 섬이나 화산 폭발이 너무 격렬해서 기존의 생명체가 전멸하여 백지 상태가 된 섬을 들 수 있다. 용암이 식으면 식민지화 과정이 시작되는데, 이때 창시자 집단의 효과가 중요한 역할을 한다. 1883년 인도네시아 크라카타우의 재앙 같았던 화산 폭발[16]이나 아이슬란드 수르트세이 섬의 화산 폭발로 인해 발생한 것이 그러한 경우다. 난 이 화산 폭발지와 같은 불모지의 식민지화에 대한 연구가 얼마나 중요한지 이전에 출간한 책에서 이미 설명했다.[17] 두 경우 모두, 최초의 식민지화 존재 중에 식물이 있었고, 그 새로운 환경에 정착하여 이후 동물의 식민지화를 위한 조건까지 만들었다. 여기서 흥미로운 점은 이처럼 새로운 영토로 이주한 최초의 식물 집단의 창시자 효과가 완벽하게 눈으로 확인되고 측정도 가능하다는 것이다.

황폐화된 소규모 도시 지역에 살면서 무거운 수과를 생산하기 시작한 크레피스 상크타 집단의 경우에도 창시자 효과가 중요해진다. 변이가 발생한 식물은 한정적이고 아주 고립된 지역, 즉 다른 인접 지역과의 접촉이 없는 지역을 식민지화하는 새로운 집단의 창시자다. 어떤 의미에서는 이 섬에서 일어나는 일이 도시에서 일어나는 일과 다르지 않다. 이상해 보일 수 있지만, 도시 환경도 거대한 분화를 거치므로 군도와 아주 비슷하다. 수천 개의 소규모 혹은 극소규모의 도시 섬으로 이루어진 군도, 그것도 도로와 건물을 비롯해 다양한 종류의 장벽으로 분리되어 상호 접촉과 개인적인 이동에 방해를 받는 군도의 상황과 유사하다. 이러한 조건에서 도시 섬에 정착한 개체군은 짧은 기간 내에 그들의 초기 개체군과 차이를 보이기 시작한다. 이는 갈라파고스 군도의 다윈의 핀치새에게, 그리고 복잡하게 분할된 도시 섬 군도 속에서 크레피스 상크타, 물벼룩, 뉴욕 쥐에게 일어난 현상과 같다.

도시화가 종의 진화에 미치는 영향에 관한 흥미로운 연구 중 하나는 지구 곳곳의 거의 모든 도시에 분포하는 식물인 흰토끼풀Trifolium repens과 이 식물의 독특한 특성에 관한 것이다. 이 식물은 포식에 대한 방어와 언제 닥칠지 모르는 가뭄을 견디기 위해 시안화수소산을 생산한다. 런던과 비슷한 도쿄나 요하네스버그, 혹은 칠레의 산티아고와 비슷한 로마 등에 확산한 이 종에 도시화가 끼치는 영향을 분석하기 위해, 2014년 각 대륙에서 수백 명의 연구자가 규합해 글로벌도시진화프로젝트Global Urban Evolution Project; GLUE라는 국제기구를 창설했다. 이 국제기구의 목적은 세 가지 질문에 대한 답을 찾는 것이었다.

15 흰토끼풀은 유럽과 북아프리카, 서아시아가 원산지인 식물로, 전 세계 목초지에서 자라는 종으로 알려져 있다. 도심에서도 흰토끼풀은 매우 흔한 종 중 하나이므로 과학자는 물론 시민(시민과학)의 협력이 필요한 세계적인 차원의 수많은 실험을 통해 연구되고 있다.

첫 번째 질문, 도시화가 지리적으로 아주 멀리 떨어진 도시에도 비슷한 환경을 조성할까? 두 번째, 그 유사한 환경이 공통 선common line에 따라 진화하게 만드는가, 즉 유사한 환경에서 시안화수소산 생산과 관련된 평행진화(조상이 같은 종이 각각 개별적으로 유사한 특성을 발전시키는 진화 현상—옮긴이)를 나타내는가? 마지막으로 평행진화를 나타낸다면, 이러한 평행진화를 이끄는 환경 요인은 무엇인가? 이렇게 세 가지 질문이었다. 전 세계 160개 도시에서 관찰한 결과를 수집·분석한 결과, 도시에서 자란 흰토끼풀은 모두 농촌 환경이나 해당 도시 주변 혹은 외곽에서 자란 흰토끼풀에 비해 시안화수소산을 덜 생산하는 것으로 나타났다. 모든 자료를 종합한 결과는 당연한 내용을 다시 확인해주는 것에 지나지 않았다. 사실상 도시에 초식동물의 수가 적기 때문에 흰토끼풀이 시안화수소산의 농도를 낮출 것으로 예상되었고, 이는 이미 과거에 다른 상황에서 측정된 바 있다. 그런데 이것을 평행진화로 보아야 할지 아니면 평행적응이 더 적절한 표현일는지는 아직 판단하기 이르다. 그런데 결정적으로 놀라운 점은, 도쿄나 런던, 미국의 프리홀드, 칠레의 테무코와 간치 등 다양한 도시의 식물에서 생산된 시안화수소산의 양이 주변 농촌 환경에서 자란 흰토끼풀에 함유된 양보다 더 유사하다는 사실이다.

이 연구 결과는, 지리적으로 어디에 위치하든 역사나 현재의 모습이 어떻든, 도시의 뚜렷한 특성은 다른 도시들과

   식물성 도시, 피토폴리스

매우 유사하며, 이는 도시와 그 주변의 농촌 환경의 유사성보다 더 크다는 중대한 진실을 보여준다. 예컨대 피렌체와 요하네스버그는 피렌체와 그 주변 시골 마을보다 훨씬 더 비슷하다. 이것은 우리 도시가 생태계라는 것, 열대우림이나 사막이 그 위치가 어디든 상관없이 서로 유사한 것처럼, 도시들끼리도 상당히 유사하다는 것을 더 설득력 있게 확인시켜준다.

이러한 도시 생태계가 급격히 성장하고 있고, 그것이 대부분의 생명체에게 잠재적으로 매우 어려운 환경이 될 수 있다는 사실을 우리는 깊이 생각해야 한다. 사실 지금까지 우리는 도시 환경이 개별적인 종이나 동물, 식물에 미치는 영향에 대해 이야기했지만, 도시 환경이 생태계 내의 종들을 연결하는 관계 체계 전체에 직접으로 작용하기 때문에 도시의 영향력은 훨씬 더 깊고 광범위하다. 이 문제를 명확히 하기 위해 무수히 많은 먹이사슬, 즉 서로를 먹이로 삼는 생물들 간의 관계 순서나 생명체들 간의 관계를 살펴볼 수 있다. 내가 보기에는 이 경우에도 다윈과 그의 연구로 돌아가는 것이 마땅하다고 생각한다. 더 정확하게 말하면, 앞에서 이미 언급한 저 유명한 갈라파고스 군도의 핀치새로 돌아가는 것이다. 그렇게 먼 외딴섬에서도 도시화가 진행되어 인구 증가와 인간 정착지의 확장 및 섬 이동 수단의 자동차화로 인해, 이 군도를 생물 다양성의 낙원으로 만들었던 내부 균형을 깨고 있다.

핀치새와 핀치새의 가장 전통적인 먹이 중 하나인 트

리불루스 키스토이데스Tribulus cistoides의 씨앗도 예외가 아니다. 이 식물은 건조한 평원과 해안 서식지에서 자라고, 갈라파고스 군도의 도로나 골목길, 해변에서 흔히 볼 수 있는 다년생 초본 식물이다. 이 식물은 다섯 개로 분리되는 분과mericarps라는 독특한 열매를 맺는다. 각 분과는 날카로운 가시가 덮여 스스로를 보호한다. 이 가시는 포식자로부터 방어하고 씨앗을 확산시키는 수단으로서 기능한다. 마지막으로 각 분과에는 하나에서 일곱 개의 씨앗이 들어 있고, 분과 자체를 열어야 씨앗을 꺼낼 수 있다. 부리가 아주 큰 다윈의 핀치새 이외에 다른 모든 동물에게는 어려운 일이다. 현재 도시화의 진행으로 씨앗이나 꿀, 꽃 등 여러 먹이를 먹을 수 있는 다양한 종으로 진화한 핀치새는 인간의 음식물 쓰레기를 먹는 데 빠르게 적응하여 트리불루스 씨앗의 섭취를 줄이고 농촌 환경에 종의 확산을 제한하고 있다. 한편, 신발 바닥이나 타이어를 비롯해 각종 직물에 붙은 열매로 인해 도시 환경에서는 점점 더 많이 확산하고 있다.[18] 동시에, 도시 외곽에서보다 점점 더 그 수가 증가하는 도시 핀치새 집단은 트리불루스 키스토이데스 식물이 생산한 것 중 더 작고 덜 단단한 분과를 선호하는 경향을 보여,[19] 미래 개체군의 규모에 영향을 미치고 있다.

증가하는 도시화가 우리 도시에 사는 종들의 생활에 어떻게 영향을 미칠지 예측하기란 정말 어렵다. 다윈의 핀치새가 또다시 먹이를 바꾸고, 그 후 부리도 바뀌게 될까? 그리고 주로 핀치새에 의해 확산한 트리불루스 키스토이데스가 다른 벡터, 예를 들어 인간과 같은 다른 확산 수단을 찾게 될까? 이러한 질문에 답하기는 정말 어렵다. 생태계 안에서 생명체를 연결시키는 관계는 너무 많고, 인간이 환경에 가하는 변화 역시 너무 다양하고 방대하다. 그래서 고작 몇천 년 후에(진화 과정에서는 사소한 수준의 시간이다) 무슨 일이 일어날지를 상상하는 것은 그저 공상에 불과하다. 우리로서는 그러한 것을 알 수 없다. 이것이 진실이다.

그렇지만 몇 가지 중요한 사실을 알고 있다. 예를 들어, 도시 환경에서 진화를 연구하고 파악하는 것이 근본적으로 중요하다는 점, 도시 개체군 내에서 유전적 다양성이 잘 유지되도록 하면 적응 가능성을 높이는 데 도움이 되고 공동체나 생태계의 안정성에 긍정적인 영향을 미친다는 점, 유전적 다양성이 커질수록 다양한 영양 단계를 바탕으로 종의 다양성도 커지고 침략 종에 대한 저항력과 일차적인 생산성을 높인다는 점이다. 이것은 모두 개체군의 지속성과 확산을 촉진하는 관리 및 설계 방식을 통해 환경의 변화에 더 잘 견디는 도시를 만드는 데 사용해야 하는 개념이다. 이를 실현하려면 도시공학자와 행정가들이 도시에서 진화 생물학의 근본적인 기능을 이해해야 한다. 그런데 과연 그럴 수 있을까? 현재로서는 이를 예측하는 일이 다윈의 핀치새에게 일어날 일을 아는 것보다 더 어려워 보인다.

인간

항상 진화는 아주 느린 과정이며, 그렇기 때문에 도시 역사의 짧은 기간 동안 생명체에 나타나는 진화의 결과는 결코 관찰할 수 없을 것이라 우리는 생각해왔다. 그런데 물고기나 새, 풀, 나무, 곤충, 토끼풀, 핀치새 등은 우리 도시에서 발생하는 진화 압력의 영향으로 놀라운 속도로 그들의 행동과 외형을 변화시키고 있다. 실제로 극소수의 예외를 제외하고 고려의 대상이 된 모든 생명체가 도시 환경에 적응하거나 진정한 변화를 보였으며, 일부의 경우는 새로운 종의 기원으로 이어질 정도로 두드러지게 변화했다. 심지어 이 모든 것이 짧은 세대 교체 기간에 발생했다. 이처럼 다른 생명체에서 관찰한 결과에 비추어 볼 때, 우리 종에서도 동일한 적응 변화를 기대해도 될 것이다. 어쨌든 우리는 도시에서 절대적으로 가장 오랜 시간 동안, 전체 집단 중 가장 높은 비율을 차지하며 살고 있는 생명체이기 때문이다.

그런데 대체로 이러한 의견에 동의하지 않는 것 같다. 인간이 진화에서 해방되었다고 주장하는 학자들이 많고 그 연유도 다양하다. 그들의 주장에 따르면, 우리 인간의 진보는 이제 자연 선택의 영향에서 인간을 벗어나게 만들었고, 인간의 진화는 더 이상 적자생존이 아닌 인간 스스로의 손에 의해 좌우될 것이라고 한다. 가장 흔히 제기되는 논거는 거의 모든 인간이 진화의 끝에 이르게 되었는데, 어떻게 적자생존이 이루어지겠냐는 것이다. 이제 인간의 진화는 끝났으므로, 앞으로는 진보한 분자생물학을 이용하여 개입이 필요해 보이는 인간의 특성을 스스로 개선해 나갈 것이라고 주장한다.

이것은 우리가 자연으로부터 해방되었다는 어리석은 생각, 자연의 울타리 밖으로, 더 정확히 말하면 자연 위에 있게 되었다는 터무니없는 생각이다. 재앙에 가까운 수많은 생각을 바탕으로 한 인간의 오만이 낳은 산물인 것이다. 현실은 다르다. 인간은 자연 법칙의 한가운데 있으며, 진화는 다른 모든 생물에 작용하는 것과 동일한 힘으로 우리에게도 작용한다. 우리는 진화의 법칙에 종속되어 있을 뿐만 아니라, 도시 환경이 우리 인간에게 미치는 영향을 생각해보면, 우리가 자연의 법칙에 명확하고도 확실하게 종속되어 있다는 사실을 알 수 있다. 실제로 인간은 다른 그 어떤 생명체보다 도시화와 관련되어 갖가지 선택적 압력을 받고 있다. 도시화는 사망률이나 인구통계, 질병의 전염, 대기오염, 수질오염, 토양오염, 위생과 영양, 사회적 관계, 우리의 미생물군집 등 진화에 영향을 미치는 근본적인 수십 가지 요인을 변화시킨다.

따라서 우리는 도시 환경에서 인간에게 무슨 일이 일어나고 있는지, 이미 영향을 미친 적응들은 무엇인지 상당한 관심을 기울여야 한다.

이 장에서 이미 언급한 것처럼, 현재 도시 내에 사는 인구 비율은 약 55%에 달한다.[20] 그러나 우리는 이러한 현상의 규모와 진행 속도에 대해 정확하게 인지하지 못하고 있다. 한편, 지구에서 수면 위로 올라와 있는 지표면 중 남극 대륙의 면적을 제외하면, 도시가 차지하는 비율은 고작 2.7%밖에 되지 않는다.[21] 그리고 지구의 작은 파편 정도밖에 되지 않는 면적에서 현재까지 이미 40억 명이 넘는 사람들이 살고 있고, 2070년에는 70억 명(세계 인구의 70%)이 살게 될 것이다. 이것은 막을 수 없고 급작스러운 현상이다. 사실 인간은 역사 대부분의 기간 동안, 즉 약 29만 년 동안 안정적인 정착지 없이 수렵 채집인이자 유목민으로 살아왔다. 이후 약 12,000년 전 농업혁명으로 농경인이 되었고, 농작물의 성장을 기다리게 되면서 정착 생활을 하는 종이 되었다. 그러니까 인간의 안정적인 정착지, 즉 최초의 도시가 탄생하고, 이 도시를 통해 인류 문명이 탄생하게 된 것이 농업혁명을 통해서였던 것이다. 우리가 분리되기 시작한 12,000년부터 지금까지 대부분의 시간 동안 도시에 살았던 사람의 수는 전체 인류의 일부에 지나지 않았다. 최초의 대도시 중 한 곳인 우루크의 경우 이라크 남부에서 유적이 발견되었는데, 최고의 번성을 누렸던 기원전 2,000년경의 인구가 약 5만 명 정도였고, 당시 최고 규모의 대도시였다. 인구가 처음으로 100만 명에 이른 도시는 약 2,000년 전의 로마였다. 이때부터 이스탄불과 바그다드, 중국의 여러 도시, 19세기 말의 런던, 20세기 초의 뉴욕 대도시 지역, 도쿄 등 수많은 도시가 지구 최대 인구 도시라는 타이틀을 이어받았다. 중국 광둥

성에 있는 주강의 삼각주는 최근 약 5천만의 인구를 기록하며 (이탈리아 전체 인구수와 비슷하다), 세계에서 가장 인구밀도가 높은 지역이 되었다.

앞서 말했지만, 놀라운 것은 이러한 현상이 진행되는 속도다. 현대성을 설명하는 수많은 다른 곡선처럼, 이 현상도 기하급수적인 양상을 나타낸다. 역사 대부분 시간에 인간은 인구밀도가 낮은 시골 환경에서 살았다. 1,600년 이전에는 도시에 사는 전 세계 인구의 비율이 5%에도 이르지 못한 것으로 추정된다. 1,800년에는 이 비율이 7%에 도달했고, 1,900년에는 16%로 상승했다.[22] 현재의 도시 인구는 55% 정도이며 인간이 거의 도시 환경에서만 살게 되는 세상으로 빠르게 진행되고 있다. 이것은 도시에서 사는 장점이 엄청나게 늘어나 발생한 급작스러운 혁명이지만, 그 결과가 우리 인간에게 미치는 영향은 아직 전혀 명확하지 않다.

불과 몇 년 전까지(수세기 혹은 수천 년 전이 아니다) 인간이 가진 독특한 특징 중 하나는 가장 적대적이고 척박한 환경은 물론 지구상의 모든 환경을 개척할 수 있는 능력이었다. 면적도 좁고 확실히 사람이 살 수 없는 지역을 제외하고, 인간은 짧은 기간(상대적으로 짧은 기간이라는 뜻이다) 내에 사실상 지구 곳곳에, 심지어 아주 먼 곳까지도 진출할 수 있었다. 그런데 20세기 초부터 현재까지 어느 곳에서나 살 수 있는 인간의 능력이 갑자기 사라지고 우리 종의 대다수가 도시에 집중되는 전례 없는 상황이 나타났다. 이는 인간의 행동에 엄청난 변화가 일어난 것이며, 따라서 진화에 그만큼의 영향이 미치지 않을 수 없을 정도다. 한편, 더 이상 지구 표면 전체에 살지 않고 독특하고 공통적인 특성을 지닌 협소한 지역에서 무리를 지어 살게 되면서, 인간은 이제 일반 종의 특성이 아닌, 전문 종의 특성을 갖게 된 것처럼 보인다. 이러한 차이는 대단히 크며, 그 결과 역시 마찬가지일 것이다.

일반 종은 매우 다양한 유형의 자원을 이용하여 수많은 환경과 조건에서 번영할 수 있는 종이다. 반대로 전문 종은 안정적이고 특정한 환경 조건이 필요하다. 대부분의 종은 완전히 전문 종이거나 일반 종이 아니라, 두 극단 사이에 위치해 있고, 극소수 종만 고도로 전문적이거나 일반적이다. 전자의 예로는 특정 유형의 음식만 먹을 수 있는 단식성 유기체를 들 수 있다. 유칼립투스의 잎을 먹는 코알라나 대나무를 먹는 팬더는 전형적인 초식종이다. 즉 코알라와 팬더는 주로 이 먹이들에만 의존한다. 전문 종의 반대편에는 잡식성 동물처럼 아주 다양한 종류의 먹이를 먹을 수 있는 완벽한 일반 종이 있다. 그러나 전문화는 특정 먹이를 주식으로 삼는 것에만 있는 것이 아니라, 다른 환경에서 사는 능력으로도 이루어질 수 있다. 예를 들어, '염생식물halophyte'이라는 종을 생각해보자. 이름만 봐도 알 수 있듯(hals는 소금, phyton은 식물을 의미한다), 이 식물은 생태학적으로나 생리학적으로 염분이 있는 토양에서 서식하도록 전문

　　　　　　　　　　　　식물성 도시, 피토폴리스

화되어 있다. 그래서 일반적으로 해변가나 염분이 많은 연못 주변 혹은 토양 내 염분 농도가 높은 곳에서 발견된다. 이 식물은 다른 대부분의 종에게는 완전히 치명적인 환경에서 살 수 있는 것이다. 그런데 그 제한된 환경 내에서는 염생식물이 매우 효율적으로 성장할 수 있지만, 그 환경을 벗어나면 살지 못하는 경우가 아주 많다. 또 기온이 매우 높고 물이 부족한 환경에 사는 데 전문화된 선인장을 생각해보자. 전문 종이 자신에게 맞는 환경에 있을 경우 다른 종에 비해 유리하다. 그러나 어떤 이유로 조건이 달라지고 전문화의 이점을 잃으면, 전문 종은 일반 종보다 훨씬 더 빨리 멸종하는 경향이 있다.

일반 종의 또 다른 중요한 특징은 지리적 분포가 매우 광범위하다는 것이다. 실제로 한 종이 어디에서나 그리고 매우 다양한 조건에서도 생존할 수 있다면, 특정 환경으로 서식지가 제한된 다른 종에 비해 확산 가능성이 더 큰 것은 당연하다. 인간은 항상 뛰어난 일반 종의 본보기였다. 잡식성에 사막이나 열대우림, 빙설 지대와 같은 매우 다양한 환경에 적응할 수 있었고, 종의 역사가 짧은데도 지구 곳곳을 개척하여 자신의 영역을 확장하고 모든 조건에 훌륭하게 적응해왔다. 적어도 몇 년 전까지, 대다수의 인류가 지구 전체에 고르게 분포해 살 때까지는 그러했다. 사실상 1970년까지 인류의 70%가 지구의 농촌 지역에 어느 정도 균일하게 분포해 살았다. 그러나 현재는 50% 이상의 인류가 도시에 거주하고, 이 비율은 2070년에

70%로 증가할 것으로 예상되는데, 아직도 인간을 일반 종이라고 설명할 수 있을까? 이탈리아의 경우, 현재 인구의 72%가 도시에 살고 있고, 프랑스와 스페인, 영국에서는 이 비율이 80%를 훌쩍 뛰어넘었으며, 아메리카 대륙 전체의 비율도 마찬가지라는 점을 생각해보자. 간단히 말해, 우리는 사냥과 채집에서 농경 생활로 전환될 때와는 비교할 수 없을 정도의 인간 행동의 혁명을 목격하고 있는 것이다. 도시에 살면서, 인류는 전문 종 유형의 새로운 길로 접어들었다.

나는 이것이 과장이라고 생각하지 않는다. 한 종의 압도적 다수가 도시와 같이 높은 온도, 식생 부족, 토양 불투수성, 대기오염, 인구 과밀 등 수십 가지 중요한 특징을 지닌 매우 특별한 환경에서, 그리고 그런 환경 내에서 다른 곳보다 훨씬 더 효율적인 방식으로 행동하는 경우, 도시 환경과 우리 인간의 번성 능력 간의 긴밀한 상호작용은 전문 종 특유의 상호작용이라고 설명될 수밖에 없을 것이다. 그러니 전문화 과정에 내재된 위험으로부터 우리 스스로를 보호하려면 이러한 상황에 대한 인식이 반드시 필요하다. 이미 언급했지만, 전문 종은 환경적인 조건이 안정적으로 유지되어야 자신의 생태적 은둔지에서 번성한다. 그러나 어떤 이유로 인해 환경 조건이 변화하면, 그 번성의 장밋빛은 퇴색하게 된다. 예를 들어, 오랜 기간 일정한 기후가 지속되던 과거와 달리, 현재 우리는 지구온난화로 인해 엄청난 격변의 해들을 보내고 있다. 그렇다면 그러한 변화는 도시와 같은 기이하고 취약한 환경에 점점 더 결속하고 있는 종에게 어떤 영향을 미칠까? 현재로서는 답하기 어렵지만, 우리 스스로 그 답을 찾아야 한다. 현재 인류는 불과 몇 세기 전까지의 인간의 상태와 별로 비슷한 점이 없다. 현재 우리는 다른 존재가 되었다. 우리는 도시형 인간이고, 이러한 격변이 불과 몇 년 만에 일어났으며, 무엇보다 그 영향이 농업혁명 당시의 극소수의 조상들과 달리 수십억의 인류에게 미쳤다는 사실은, 전 지구적 규모의 거대한 인간 진화 실험실이 이제 막 가동되기 시작했음을 시사한다. 어떠한 결과가 나올지는 예측할 수 없지만, 인류의 진화가 도시의 진화적 압력에 의해 정해진 길을 따르지 않을 것이라고 생각하는 것은 솔직히 불가능해 보인다.

호모 사피엔스가 도시 종으로 진화된 것이 현재가 아니라 농업이 발명된 때부터라는 점을 명확히 해야 한다. 우리의 유전체는 이미 도시를 탄생시킨 농업에 의해 변형되었고, 매우 빠른 속도로 계속 변모하고 있다. 예를 들어, 농업혁명과 함께 식생활이 변화하여 유발된 해부학적 변이를 생각해보자. 1만 년 전 사람들의 치아는 현대인의 치아보다 훨씬 더 튼튼했고, 각 치아의 크기도 10% 정도 컸다. 그런데 많이 씹지 않아도 되는 아주 부드러운 음식을 먹기 시작하면서부터 치아뿐 아니라 턱도 세대를 거치면서 점점 작아졌다.[23] 그리고 이러한 차이 이외에, 영양소 차원에서도 변화가 촉발됐다. 곡물을 기본으로 한 식단, 즉 전분이 많은 음식으로 식생활을 변경하게 된 것이다. 농업과 곡물 재배 덕분에 단기간에 수많은 인류가, 소화는 잘 되지 않지만 영양소가 아주 많고 간편하게 저장할 수 있는 훌륭한 식품을 대량으로 섭취할 수 있게 되었다. 이렇게 되기까지, 즉 이 새롭고 특별한 에너지원에 완벽하게 접근하게 되기까지, 우리는 진화가 전분의 소화를 가능하게 만드는 수단 중 하나인 알파아밀라아제의 효율성을 높일 때까지 기다려야 했다(사실 그렇게 오래 기다리지는 않았다).

알파아밀라아제는 다당류의 글리코시드 결합을 분해하여 말토오스를 생성함으로써 전분을 당으로 분해하는 효소다. 이때 생산된 말토오스는 포도당으로 가수분해되어 혈류로 흡수될 수 있는 상태가 된다. 모든 척추동물은 췌장에서 이 소화 효소가 생산되는데, 인간을 포함한 일부 포유류만 입에서도 알파아밀라아제를 생산하도록 진화되었다(귀밑샘 및 상악하선에서 분비된다). 현재 거의 모든 인간은 아밀라아제 생산을 담당하는 amy1 유전자의 복제본을 다수 갖고 있으며, 이 복제본의 수는 생산된 타액의 아밀라아제 수준에 따라 다르다(복제본의 수가 많을수록 타액의 아밀라아제 양도 많아진다). 동일한 유전자의 복제본을 다수 생산하는 것은 알파아밀라아제와 같은 특수 단백질의 생산을 증가시키는 가장 간단한 체계 중 하나다. 그래서 현재 침팬지는 amy1 유전자의 복제본이 2개밖에 없는 반면, 유럽인이나 유럽인의 후손은 15개나 갖고 있다. 기본적으로

     식물성 도시, 피토폴리스

대량의 전분을 식단에 포함하는 집단의 개체는 타액 아밀라아제의 복제본을 더 많이 갖고 있는 경향이 있다. 그래서 일본인들은 유전적으로는 일본인에 가깝지만 생선을 주식으로 하는 시베리아의 야쿠트족보다 아밀라아제 유전자 복제본을 더 많이 갖고 있다. 주로 육식을 하는 탄자니아의 다토그족이나 식물의 구근과 뿌리를 대량 섭취하는 채집·사냥 집단인 하자족 간에도 그와 비슷한 차이가 발견되었다.[24] 그러니까 이러한 능력은, 농업이 발명되고 나서 전분 함유량이 더 높은 식품을 선호하는 경향이 생기면서 근본적으로 식단이 변화했고 그로 인해 직접적 결과로 진화한 것이다. 전분이 많은 식단에서 amy1 유전자 복제본이 많다는 것은 타액 아밀라아제가 많이 생산된다는 의미다. 이 아밀라아제는 이 전분 분자를 소화하는 능력을 높여 흡수가 용이한 포도당으로 전환한다. 자원이 한정적인 환경에서 살아가던 개체에게는 당연히 큰 진화적 이점이 되었다.

그렇다면 현재는 어떠할까? 지금 시대의 인간에게 이러한 amy1의 복제본을 많이 갖고 있는 것이 계속 진화적으로 이점이 될까? 현대 도시 환경에서 사는 집단은 대부분 이용 가능한 식량 자원의 양에 제한이 없다. 오히려 지구상의 수많은 도시 지역의 중대한 문제 가운데 하나는 식량이 넘쳐나 비만과 제2형 당뇨병이 늘어난다는 데 있다. 이러한 새로운 정황에서, 더 높아진 수준의 타액 아밀라아제로 인해 전분 섭취 후 포도당의 가용성이 증가하는 것이 단점이 될 수 있다. 도시 환경에서 식량이 풍부하게 공급됨에 따라 앞으로 아밀라아제의 활성이 감소하게 될까? 도시 환경에 적응하기 위해 그렇게 될 가능성이 높다. 전분을 효율적으로 소화할 수 있는 요소를 갖추기까지의 상대적인 속도를 참작하면, 섭취 과잉 시 전분 흡수량을 제한할 수 있을 것이라고 예상할 수 있다. 흰색에서 검은색으로, 다시 흰색으로 개체 수 비율이 변한 자작나무나방의 경우와 약간 비슷하다. 실제로 인간처럼 진화에 영향을 미치는 요인이 수없이 많은 종의 진화는 다른 종에게 일어나는 일보다 예측하기가 훨씬 더 어렵다. 실제로 어떤 일이 일어날지 미리 알 수 있는 방법이 없다. 우리가 확신할 수 있는 것은 진화는 계속 우리에게 작용한다는 것뿐, 그에 대한 방안은 확실하게 마련할 수 없다.

또 한 가지 우리가 확신할 수 있는 것은, 우리가 섭취하는 음식의 질과 양이 우리의 진화에 큰 영향을 미친다는 사실이다. 인간의 급격한 식단 변화는 우리의 유전학까지 변화시킬 수 있다. 곡물의 예에서 본 것처럼, 우유에서도 마찬가지 현상이 발생했다.

모든 포유류는 새끼에게 젖을 먹이고, 이로 인하여 인간을 포함한 유아기의 모든 포유류는 우유의 성분, 특히 우유에 들어 있는 주요 탄수화물인 유당을 소화하는 능력이 있다. 유당을 소화하려면, 유당을 두 개의 단당, 즉 포도당과 갈락토스로 분해할 수 있는 락타아제라는 효소가 필요하다. 대부분

식물성 도시, 피토폴리스

의 포유류에서는 젖을 때면 곧바로 락타아제의 활성화가 급격하게 감소한다. 그런데 최근 락타아제의 지속성에 대한 진화의 산물로, 수많은 인간 집단은 유아기 이후에도 우유나 유제품으로 영양을 섭취할 수 있게 되었다. 이러한 최근 인간의 진화에서 놀라운 것은 소화 능력이 더 발달한 시점이다. 실제로 최근에 실시한 한 연구에서[25] 락타아제의 지속성은 약 5,000년 전에, 즉 인간이 가축을 사육하기 시작한 이후 약 4~5,000년 정도 되었을 때부터 발달했을 것이라고 밝혔다. 다시 말해, 수천 년 동안 인간은 유당을 소화할 수 없는 상태에서 우유를 마셔 왔으며, 이는 유당을 소화하지 못해 발생하는 설사와 복부 팽만, 복통과 같은 증상이 생명을 위협할 정도는 아니었기 때문에 가능했다. 이후, 기근이나 심각한 전염병과 같은 극단적인 사건들로 인해 우유를 소화할 수 있는 사람들이 유리해졌고, 이들이 그러한 소화 능력을 후손들에게 물려주었다. 현재 락타아제 지속성은 80%의 유럽인과 그 후손들에게 나타나고 있는 반면, 아프리카와 아시아 상당 지역은 훨씬 낮은 비율이고, 아프리카 반투족과 중국인에게는 거의 나타나지 않는다.[26]

유당 소화 능력이 유익한 적응으로 간주되는 이유는 더 복잡한 질문이며, 이에 대해 여러 가설이 제시되었다. 그중에서 가장 수긍이 가는 가설은 칼슘과 자외선, 비타민D 간의 연관성에 관한 것이다.[27] 자외선 노출은 포유류가 비타민D를 합성하는 데 필수적이며, 비타민D는 뼈의 성장과 건강에 필수적인 칼슘을 적절하게 흡수시키는 데 큰 도움을 준다. 따라서 위도가 높은 지역에서는 자외선의 양이 적기 때문에 비타민D의 합성이 한정적이고, 그로 인해 칼슘의 흡수율도 낮다. 그래서 북유럽 사람들에게는 비타민D와 칼슘이 모두 함유되어 있는 우유를 섭취할 수 있다는 것이 상당한 이점이 되었을 것이다. 거의 모든 유럽인에게 락타아제 지속성이 나타난다는 사실은 특히 이 위도의 지역에서 적응의 이점을 확인시켜주는 듯하다.

우리 인간이 자신의 영양분 조달 능력을 엄청나게 확장할 수 있게 해준, 전분과 우유를 소화시키는 능력은 인간의 진화에 중요한 영향을 미쳤다. 우리가 현재의 모습이 된 것은 우리 역사에서 아주 최근에 이루어진 이러한 작은 진화 적응들도 상당히 큰 역할을 했기 때문이다. 그리고 이 두 가지 적응이 어떻게 인간으로부터 시작된 혁명의 산물이 되었는지에 주목하면 매우 흥미롭다. 농업과 목축업 덕분에 우리는 새로운 음식을 생산하기 시작했고, 진화를 통해 그러한 음식을 완벽하게 소화시킬 수 있도록 우리의 유전체를 변형했다. 이는 새로운 도시 종을 향한 첫걸음일 뿐이며, 이를 바탕으로 현재의 도시 혁명이 가하는 선택의 압력은 농업혁명이 이룬 것보다 훨씬 더 강력하게 작용할 것이다.

도시의 근본적인 특징 중 하나는 도시가 수용하는 엄청난 인구밀도다. 이는 인류 역사상 전례 없는 수준이고, 그 영향력을 과소평가해서는 안 된다. 현재 몇 제곱킬로미터밖에 되지 않는 면적에, 불과 몇 세기 전까지 훨씬 더 넓은 영토에 분산되어 살던 인구가 살고 있다. 일본의 예를 살펴보자. 1,800년도 일본의 전체 인구는 3천만 명이었다. 현재는 도쿄 수도권에만 그 정도의 사람이 살고 있다. 도시의 인구밀도 데이터를 살펴보면, 세계 최고 기록은 1km²당 79,000명이 사는 몰디브의 수도 말레이고, 그다음으로 1km²당 43,000명인 마닐라와 인도의 여러 도시가 뒤를 잇는다는 것을 알 수 있다. 유럽에서 가장 인구 밀도가 높은 도시는 지구상에서 10위를 차지하는 파리 외곽에 위치한 르발루아페레로, 인구밀도는 1km²당 27,000명이다. 인간의 역사에서 이렇게 많은 사람이 이렇게 오랫동안 이렇게 가까이 붙어 산 적이 없었다. 여럿이 가까이 사는 것, 이것이 본질적으로 우리 모두를 도시로 이끌었던 혁명의 근본적 이유다. 사실상 이러한 근접성은 경제나 에너지, 문화, 사회 등 거의 모든 분야에서 효율성을 이끌어낸다. 많은 사람이 있다는 것, 이는 가능성을 배가하고 비용을 분담한다는 것을 의미한다.

우리의 건강과 관련된, 차치할 수 없는 일부 측면을 제외하면 실제로 그렇다. 사실상 병원과 전문의료시설 등에서 제공하는 의료 서비스는 도시에서 더 쉽게 이용할 수 있고, 연구 센터나 실험실, 대학 등 질병을 퇴치하기 위해 연구하는 곳도 도시권에 집중되어 있다. 편리하기는 하지만 도시 특유의 매우 높은 접촉 횟수는 언제나 전염병 확산의 위험을 명백하게 드러낸다. 더욱이 다른 수많은 사람뿐 아니라 우리와 도시 공간을 함께 사용하는 엄청난 수의 동물(공생동물)과의 근접성은 전염병의 발생과 확산을 부추긴다. 수많은 공생동물이 인간에게 감염될 수 있는 병원체를 보유하고 있을 뿐 아니라, 그러한 병원체의 저장 숙주이기도 하다. 전 세계 도시에서 찾아볼 수 있고 일반적으로 인수공통감염병(동물에서 인간에게 직접적으로나 간접적으로 전염되는 물질에 기인한 질병)의 숙주 역할을 하는 동물로는 설치류와 새, 박쥐, 곤충 이외에도 유럽의 여우[28]나 미국의 너구리[29] 등 일부 포유류도 있다. 설치류가 전염시키는 모든 병원체, 즉 흑사병이나 렙토스피라증leptospirosi, 한타바이러스hantavirus 감염 등과 같은 주요 인수공통감염병의 재발은 여러 개발도상국에서 도시화가 증가한 것과 직접적으로 관련되어 있다. 요컨대, 인구밀도가 높은 곳에서는 언제나 새로운 인수공통감염병이 발현하거나 기존의 인수공통감염병의 보유 및 확산이 일어나기 쉬운 것이다.

[…] 그는 군중이 모르는, 책에서만 읽을 수 있는 사실을 알고 있었다. 즉 페스트균은 죽지도 절대 사라지지도 않고, 가구나 침구 안에서 수십 년 동안 잠들어 있을 수도 있으며, 방이나 창고, 가방 속, 손수건, 폐지 속에서 참을성 있게 기다리다가, 어쩌면 인간에게 불행과 교훈을 주기 위해 페스트균이 쥐들을 깨워 행복한 도시로 보내 인간을 죽게 할 날이 올지도 모

투키디데스나 루크레티우스, 지오바니 보카치오, 다니엘 디포, 알렉산드로 만조니의 작품이나 위에 발췌한 알베르 카뮈의 〈페스트〉의 유명한 구절만 읽어 봐도, 인간 역사에 불시에 전염병들이 급습하여 참담한 비극이 일어나고, 그 전염병들로부터 벗어날 가능성은 도시에서 도망치는 것밖에 없었다는 사실을 알 수 있다. 이것이 19세기부터 의학이 높은 인구밀도와 전염병 발병과의 관계를 연구하는 데 지대한 관심을 기울인 이유다. 기원전 430년 아테네에 전염병이 발생하기 훨씬 전부터 현재의 코로나19에 이르기까지, 도시는 전염병이 전파되기에 이상적인 조건을 갖춘 곳이었다.

도시의 오랜 관습을 비추어 볼 때, 도시 정착의 역사가 긴 집단은 도시의 습성이 없는 집단에 비해 질병에 대한 저항력이 더 많이 발달했다고 예측할 수 있다. 결핵의 경우가 그러한 예라고 볼 수 있는데, 인류에게 닥친 가장 치명적이었던 이 질병은 지난 200년 동안에만 10억 명의 사망자를 낳았고,[31] 현재도 매년 1,000만 건 이상의 새로운 질환자가 발생하고 있다. 또한 세계 인구의 약 3분의 1이 결핵균 보균자이며, 언제라도 활동성 결핵이 발생할 위험이 있다.[32]

결핵균Mycobacterium tuberculosis은 최근 인간의 혁명과 불과분의 관계에 있는 것 같다. 특이한 박테리아 계열에 속하는 결핵균은 첫 발생 이후 다양한 동물과 새를 감염시켰고, 전통적인 이론에 따르면 인간이 가축을 사육하면서 동시에 사람도 감염 대상이 되었다. 이런 의미에서, 실질적으로 동일한 종이라 여길 수 있을 정도로 매우 비슷한 소(牛)결핵균과 결핵균의 유전적 유사성은 사실상 동일한 종으로 간주될 만큼 뚜렷하여, 결핵이 우리가 사육하는 동물들과의 근접성으로 인해 인간에게 체계적으로 유입된 수많은 병원체 중 하나라는 것에 의심의 여지가 없는 듯하다. 어쨌든, 결핵의 기원과 상관없이 지금 우리의 관심은 인간이 도시에 살기 시작한 순간부터 결핵이 인류의 가장 치명적인 살인자가 되었고, 수천 년간 결핵과의 공생이 인간에게 적응의 형태를 유도했을 수 있다는 것이다.

2011년의 한 연구[33]에서 확인한 바에 의하면, 도시 정착의 기간이 길었던 지역의 거주민들은 감염에 대한 저항력을 제공하는 특별한 보호성 유전자 변이를 갖고 있을 가능성이 큰 것으로 나타났다. 이 연구에서는 유럽과 아시아, 아프리카에서 사는 17개의 인구 집단의 DNA 샘플을 분석하고, 결핵이나 나병과 같은 질병에 대한 이들 DNA의 저항률을 도시의 역사와 비교했다. 이 연구를 통해 도시에서 장기간 병원체에 노출된 인구 집단이 질병에 대한 저항력을 확산시키는 결과를 낳았고, 우리 선조들이 이러한 저항력을 후세에 물려준 것을 밝혀냈다. 이 연구 결과에 따르면, 보호성 변이가 중동에서 인도에 이르기까지 그리고 유럽의 일부 지역 등 수천 년 전부터 도시가 존재해온 인구 집단 대부분에서 발견된다.

이처럼 도시는 질병에 대한 인간의 저항력에 관해서도 근본적인 선택의 위력을 갖고 있다는 점이 드러난다. 도시 생활의 특징이자 우리 인간의 수많은 측면을 형성하는 데 매우 중요한 요소인 높은 인구밀도는 질병이 확산하는 방식뿐 아니라 우리가 질병에 저항하기 위한 적응에도 영향을 미친다. 그런데 도시 환경이 전염병으로 인한 사망만 초래하는 것은 아니다. 데이터를 분석해보면, 감염 질환으로 인한 사망은 도시 환경과 관련된 사망률의 극히 일부에 지나지 않는다. 분명한 것은 오염으로 인한 사망의 일부라는 것뿐이다.

《란셋The Lancet》에 발표된 연구에 의하면, 오염으로 인해 조기 사망하고 있는 사람은 매년 900만 명에 달한다.[34] 주로 내연 차량이 발생시키는 대기오염이 약 670만 명에 달하는 사망자를 내는 주범이다. 이어 수질오염은 140만 명을 사망에 이르게 하고 있다. 그 외 다른 오염원들도 비슷한 수준이다. 이 연구에 발표된 통계 수치는 상당히 충격적이다. 그러나 이는 실제 발생하는 상황의 일부만이 추정된 조사치다. 수많은 물질이 인간 건강에 심각한 영향을 미친다는 것은 확실히 알지만, 그러한 물질이 얼마나 많은 죽음을 초래하는지는 아직 전혀 모르고 있다. 지금 우리가 이야기하는 것은 흔치 않은 화학물질 같은 것이 아니다. 현재 우리는 살충제나 석면, 수은, 크롬을 비롯해《란셋》에 발표된 분석에서 다루지 않은 수많은 기타 화합물과 사망과의 관계에 대해 신뢰할 만한 추정치를 갖고 있지 않다. 다시 말해, 이 연구의 데이터는 아주 일부다. 다른 연구에서는 좀 더 경악스러운 데이터를 제시하고 있다. 하버드 대학에서 실시한 연구에서는 화석 연료의 연소에서 발생하는 초미세먼지(PM2.5)만으로 매년 800만 명이 사망하고 있으며, 이러한 사실은 오염으로 인한 전체 사망자 수를 더 증가시킬 수 있다고 밝혔다.[35] 어쨌든 오염에 기인한 연간 사망자 수가 900만 명에 불과하더라도, 지구상에서 발생하는 전체 사망자 6명 중 1명이 오염에 의해 사망하고 있다는 사실을 알아야 한다. 또한 거의 모든 사망이 도시 환경과 관련되어 있다. 이 부분에 대해서는 다시 이야기하겠지만, 지금까지 살펴본 것만으로도 우리 인간뿐 아니라 다른 모든 생명체에게 도시 환경이 얼마나 무거운 선택적 압력을 가하는지 분명하게 알 수 있다.

요약하면, 도시에서의 삶은 상당한 이점이 있고, 그와 동시에 위험도 뒤따른다. 정확히 말하면, 오히려 주로 풍토병이나 전염병으로 인한 도시 생활의 위험은 수세기 동안 도시의 인구 감소를 초래했다. 도시에서는 태어나는 사람보다 죽는 사람이 더 많다. 예를 들어, 1650년 런던은 시민 수를 유지하기 위해 매년 6,000명의 새로운 시민이 필요했다. 그로부터 한 세기 후인 1750년, 런던의 사망률만으로도 영국 전체의 인구 증가분의 절반을 상쇄할 정도였다.[36] 인간이 최초의 도시 정착지를 만든 후부터 수천 년 동안 도시는 인구 증가를 억제하는 역할을 했다. 20세기까지 사망률은 일반적으로 도시 지역이 시골 지역에 비해 월등히 높았는데, 이것은 앵글로색슨 문헌에서 '도시 형벌urban penalty'이라 부르는 현상이다. 전염병 이외에 사망률이 이토록 높아진 이유 중에서, 20세기 이전에 대부분의 도시가 높은 인구밀도와 동물로 인해 발생하는 폐기물을 처리할 적절한 시스템을 갖추지 못했고, 이러한 생활 조건과 관련된 위장 질환에 대한 예방법이나 치료 가능성도 없었다는 점을 고려해야 한다. 이 때문에 도시의 기대 수명이 농촌 지역을 넘어서는 것은 20세기 초가 되어서야 가능해졌다. 그러나 과거와 마찬가지로 현재에도 폐기물과 오염은 순식간에 생존 균형을 농촌 지역 쪽으로 기울일 수 있다. 실제로《란셋》에 따르면, 2000년부터 현재까지 산업화와 무분별한 도시화, 인구 증가와 화석 연료의 연소 등 현대적인 형태의 오염으로 인한 사망자의 수가 66% 증가했다.[37]

인구 대다수가 이렇게 가혹하고 유독한 도시 환경에 장시간 노출되었을 때, 우리 인간에게 무슨 일이 일어날까? 아직 우리에게 대답이 준비 안 된 수많은 질문 중 하나다. 그러나 도시의 선택적 압력이 다른 종에게 미친 것과 마찬가지로 우리에게 작용하여, 인류가 이전에 경험해본 적 없는 새로운 환경에 맞춰 우리의 특성을 변화시키고 적응시킬 것이라는 점은 확신할 수 있다.

도시의 대사

도시를 이해하는 방법이, 태어나서 성장했다가 사망하는 생명체처럼 진화의 법칙을 적용시키는 것이 최선이라면, 그 작용을 파악하기 위해 대사를 분석하는 것이 핵심이다. 실제로 그러한 연구 덕분에 도시와 생명체 간의 유사성이 갑자기 아주 명확하고 엄밀해졌다. 게다가 도시를 대사의 의미에서 추론하면, 상당히 잘 검증되고 견고한 전형적인 생물학적 연구 기술에 접근할 수 있고, 도시 연구의 차원으로 변환하면 도시에 대한 새롭고 풍부한 관점을 얻을 수 있다.

하지만 그전에 이 대사metabolism라는 용어의 의미에 대한 모든 의혹을 없애려면 몇 가지 설명하는 것이 좋겠다. 대사라는 용어(변화를 의미하는 그리스어 metabole에서 유래)는 생명체의 생명 유지를 가능하게 해주는 화학반응의 총체와 관련이 있다. 먼저 음식에 포함된 에너지를 세포의 작용 과정에서 사용할 수 있는 에너지로 전환하고, 음식을 단백질이나 탄수화물, 지방 등과 같은 구성 요소로 전환하며, 마지막으로 대사 과정에서 발생하는 노폐물을 제거하는 것이 세 가지 주요 기능이다. 이러한 기능을 수행하기 위해 대사 작용으로 화합물을 분해하면 '이화작용catabolism'이라 할 수 있고, 반대로 화합물의 구성(합성)에 관여하면 '동화작용assimilation'이라 할 수 있다. 화합물을 분해하는 이화작용을 할 때는 일반적으로 에너지가 방출되는 반면, 새로운 화합물을 합성하는 동화작용에서는 일반적으로 에너지가 소비된다. 이러한 작용이 합쳐 생명체는 성장하고, 조직을 유지하며, 환경에 반응할 수 있는 것이다.

생명체의 대사 측정을 최초로 시도한 사람은 16세기 말에서 17세기 초까지 파도바대학에서 활동한 이탈리아의 유명 의사 산토리오 산토리오Santorio Santorio였다. 그는 물질이 신체 내부를 통과하는 과정에서 얼마나 사라지는지를 측정하기 위해 저울에 연결된 이동식 플랫폼을 만들고 실험 대상이 그 위에서 모든 일상생활을 하게끔 만들었다. 이 방법으로 산토리오는 섭취한 음식물의 무게와 고형 및 액체 배설물을 고려해 체중 변화를 측정할 수 있었다. 1614년에 출간한 그의 《의학 기준De Statica Medicina》은 기초대사에 대한 최초의 체계적인 연구서였다.

산토리오의 아이디어와 유사하게, 에너지와 물질의

16 현대 실험생리학의 창시자인 산토리오 산토리오는 의학에서 나타나는 현상을 정량화할 필요성을 깨달은 최초의 학자다. 정량화된 매개변수를 얻기 위해 산토리오는 눈금이 표시된 임상 온도계와 같이 현재까지도 의료 현장에서 실제로 사용되는 수많은 도구를 고안했다. 또한 인간의 대사를 측정하기 위한 도구(본인의 저서 《의학 기준》에 수록된 본 판화에 표현된 도구)를 최초로 고안했다.

유입과 유출을 고려하여 도시를 연구한다는 아이디어는 19세기 후반까지 거슬러 올라가야 한다. 정확히 말하면, 우리가 몇 페이지 전에 만나본 천재적인 식물학자이자 도시설계자인 게디스의 아이디어였다. 게디스는 산업의 진보가 무한하다고 믿

                    식물성 도시, 피토폴리스

는 정서가 지배하던 시대에 살았다는 점을 기억하자. 따라서 그가 도시의 대사에 대한 연구를 통해 물리적으로 불가능하다는 것을 입증한, 제한 없는 도시화에 대한 생태학적 비판은 그 당시 전혀 받아들여지지 않았고, 현재에도 여전히 주목받지 못하고 있다.

게디스에 의하면, 도시의 기능은 상당히 정확하게 측정될 수 있는 요소들을 바탕으로 한다. 이것을 계산하기 위해 1885년[1]에 에너지와 물질의 흐름을 측정했고, 이를 도시 시스템의 모든 유입과 유출을 고려한 표에 기록했다. 이 표에는 도시에서 사용되는 모든 제품에 필요한 에너지원과 물질의 목록이 기재되어 있었다. 더 자세히 설명하자면, 물질과 에너지의 소비가 세 단계로 구분되어 있는데, 이 단계는 이러한 물질과 에너지가 사용되는 생산 주기의 시점과 관련이 있다. 시간의 흐름에 따라 자세하게 기록된 이 표에는 최종 산물의 제조나 운송에 사용되는 중간 제품과 에너지 손실 계산도 포함되어 있었다.

게디스의 이러한 선구적 초기 시도에서 분명하게 드러난 점은, 생산된 최종 결과물의 양이 그것을 생산하기 위해 투입한 총 재료의 양에 비해 놀라울 정도로 적었다는 것이다. 다시 말해, 게디스가 도시의 대사는 실제 모든 살아 있는 유기체의 대사와는 달리 믿을 수 없을 정도로 비효율적이라는 점을 알게 되었다.

도시에서는 에너지와 물질이 들어왔다가 나갈 때 거리에 막대한 양의 폐기물을 남기는 선형적인 흐름인 경우가 빈번하지만, 실제 생물학적 과정에서는 언제나 순환적인 과정, 즉 매우 소량의 에너지와 물질이더라도 유입이 되면 전혀 낭비되는 양 없이 모두 사용된다. 이처럼 게디스의 초기 측정에서 나타난 도시의 낮은 대사 효율성으로 도시가 환경에 미치는 영향이 장기적으로 지속될 수 없다는 것이 명확해졌다. 도시는 막대한 양의 에너지와 물질의 흐름이 필요하고, 이 에너지와 물질은 외부로부터 유입되어야 한다. 그리고 고형 쓰레기와 폐수, 대기오염의 형태로 유입된 양만큼의 막대한 폐기물을 생산한다. 식물의 대사 효율성을 도시의 대사와 비교하면, 같은 용어를 사용하는 것이 거의 신성모독으로 느껴질 정도라는 것을 알 수 있다.

도시의 대사는 식물보다는 동물의 대사에 훨씬 더 가깝다. 식물은 자급 영양 유기체로, 무기 화합물(광물)과 엽록소가 흡수한 태양광 에너지만으로 유기체의 구성과 기능에 필요한 유기 물질을 가공하는 능력을 갖고 있다. 반면 종속 영양 유기체인 동물은 자신의 몸을 구성하는 유기 물질을 생성하려면, 다른 유기체들이 이미 만들어놓은 유기 물질을 섭취해야 한다. 즉 죽은 유기체에 의존하거나 살아 있는 유기체에 기생하는 부생적인 형태로만 생존할 수 있다.

이처럼 동물성 조직이라는 기준 하나에만 의지해 건

설된 도시는 일부는 사체분해자이고, 일부는 기생하는 괴물, 실패한 실험 결과물이다. 도시는 동물처럼 무한한 양의 자원을 소비하고 부분적으로 소비된 폐기물을 주변에 쌓아놓는다. 공상과학에 등장하는 괴생명체처럼 생존을 위해 수많은 희생양의 생명을 빼앗고, 자신의 소굴에 아직 먹지 않았거나 소화되지 않은 잔해들을 쌓아놓는 것이다. 사실상 이렇게 비효율적인 대사와 끝없는 식욕 때문에, 이들이 소비하는 모든 자원을 확보하고 이들이 만들어내는 그 엄청난 양의 폐기물을 처리하려면, 우리 도시는 도시 자체가 차지하는 면적보다 훨씬 더 넓은 공간이 필요하다. 거미줄 한가운데 멈춰 서 있는 거미를 상상해보자. 이는 생존에 의존하는 지역 한가운데에 위치한 도시로 생각해볼 수 있다. 축구장만 한 거대한 거미줄에서 도시가 차지하는 공간은 중앙 원형 구역에 불과하다. 좀 더 현실적인 예를 들자면, 로마 정도의 도시는 저 위쪽의 에밀리아로마냐부터 저 아래쪽의 섬 지역까지의 면적이 필요하다.

이처럼 로마와 같은 도시가 생존하는 데 필요한 면적을 측정하는 것을 생태발자국Ecological footprint, EF이라고 한다. 생태발자국은 도시가 환경에 미치는 영향을 측정할 때 매우 유용한 수단이 된다. 이 측정법을 고안한 캐나다 경제학자 매티스 웨커네이겔Mathis Wackernagel과 윌리엄 리스William Rees는 이를 '특정 인구 집단이나 특정 경제 영역에서 자원의 생산과 폐기에 드는 비용을 토지 면적으로 환산한 계산법'이라고 설명했다.[2] 이것은 도시의 거주민들이 사용하는 모든 자원(식량, 물, 연료, 자재 등)을 생산하고 그들이 배출하는 폐기물을 처리하는 데 필요한 토지의 면적을 고려하여, 헥타르로 정량화된 표면적을 측정하는 매우 효율적인 방법이다. 이 측정법은 개인이나 회사, 도시를 비롯해 국가 전체에 적용할 수 있다. 도시의 생태발자국을 상세하게 측정하는 방법도 몇 가지 있어서, 이 방법들을 적용하면 놀라운 결과를 얻을 수 있다.

예를 들어, 아까 언급한 로마의 경우 생태발자국을 측정해보면 그 면적이 약 2천만 헥타르에 이른다는 것을 알 수 있다.[3] 그런데 경험상 헥타르나 아레스, 센티아레 등의 단위로 표시될 때, 이를 즉각적으로 시각화하기 어렵다. 반면 100~1,000m² 정도의 면적을 상상하는 데는 아무런 문제가 없다. 우리에게 익숙한 단위이기 때문이다. 그런데 헥타르나 수천 헥타르, 수백만 헥타르, 심지어 제곱킬로미터라고 언급하기 시작하면, 일반적으로 그 크기가 얼마나 되는지 감이 잡히지 않는다. 따라서 로마와 같은 도시의 생태발자국의 면적을 계산하면 2천만 헥타르(20만 km²)의 면적에 달하는, 즉 이탈리아 남부 전체(아브루초, 몰리세, 캄파니아, 풀리아, 바실리카타, 칼라브리아까지 총 73,223km²), 시칠리아, 사르데냐(각각 25,460km²와 23,813km²), 이탈리아 중부(토스카나, 마르케, 움브리아, 라지오까지 총 58,052km²), 에밀리아로마냐(22,510km²)의 면적을 합친 정도가 된다.

식물성 도시, 피토폴리스

17 로마라는 하나의 도시가 생존하려면 지도에 짙게 표시된 이탈리아 남부와 중부, 시칠리아와 사르데냐, 에밀리아로마냐를 모두 합친 것만큼의 광대한 면적이 필요하다. 이는 도시가 얼마나 막대한 자원을 소비하며 자연에 거대한 압력을 가하고 있는지 명백히 보여준다.

이제 우리는 로마와 같은 도시가 생존하기 위해 필요한 면적이 어느 정도인지 확실하게 알게 되었다. 이렇게 넓은 면적이 무엇 때문에 필요한 것인지 알려면 다양한 범주의 소비가 기여하는 바를 연구해야 한다. 로마의 예를 계속 살펴보면, 소비 항목의 1위는 27%를 차지하고 있는 식품이고, 2위는 교통비(25%), 소비재(의류, 전자제품, 자동차, 책을 비롯해 당신 머리에 떠오르는 모든 기타 제품)가 약 15%, 주택이 8% 정도, 기타 서비스(5%), 기업에 필요한 자원(14%), 공공 부문(6%) 순이다. 로마 한 도시만 해도 그 기능을 계속 유지하려면 이탈리아 면적의 대부분이 필요하다는 점은 도시라는 것의 주요한 문제, 즉 도시의 상상할 수 없을 정도의 식욕이 우스운 수준의 대사 효율성과 결합되어 있다는 것을 명백히 드러낸다.

도시가 성장하고 발전하는 데 그토록 많은 소비를 한다면, 지구의 어느 한편에서는 그 자원이 생산되어야 한다. 그 모든 것에서 예상할 수 있는 결론은 의심할 여지 없이, 도시가 지구 표면에서 차지할 수 있는 면적에는 한계가 있다는 것이다. 그러니까 내가 하고자 하는 말은, 도시는 지구에서 인간이 거주 가능한 면적의 2~3% 정도만 차지하는데, 한편으로 보면 얼마 안 되는 것 같지만, 다른 한편으로는 지구에서 도시를 수용할 수 있는 가능치를 이미 뛰어넘었을 수 있다. 도시의 확장은 자유로운 성장을 저해하는 물리적 제안으로 인해 중단될 운명에 놓여 있다. 더 넓은 도시 면적에 식량을 공급하는 데 필요한 자원을 생산할 공간이 지구에는 없다. 도시가 규모를 더욱 확장하고 특히 도시 인구를 늘리기 위해서는, 막대한 양의 자원과 에너지가 필요하고, 그러한 것들은 지구 어딘가에서 가져와 도시까지 운송해야 한다. 이것은 지구의 한정된 자원에 대한 약탈 정책(이 점에서 전형적인 동물성이라 볼 수 있다)을 의미한다.

우리는 로마와 같은 유럽 수도의 생태발자국의 27%를 식품이 차지하고 있다는 것을 확인했다. 식량은 도시의 생태발자국 측정에서 거의 항상 가장 중요한 항목이다. 소득이 매우 낮은 도시에서는 식량이 생태발자국의 약 50%를 차지하는 경우도 드물지 않다. 이것은 지구의 자원 소비 측면에서 어떤 의미를 지닐까? 달리 말하면, 이러한 데이터를 비추어 볼 때, 지구에서 어느 정도의 면적이 식량 생산에 할당되고 있을까? 우리의 도시에서의 삶이 지구의 나머지 다른 곳에서 일어나는 일과 직접적으로 어떻게 연관되어 있는지를 파악하려면, 특히 현재 지표면이 주로 어떻게 사용되고 있는지를 아는 것부터 시작해 이 수치를 알아야 한다. 육지의 약 10%를 차지하는 빙하로 덮인 지역과 약 19%를 차지하는 사막, 해변, 암석 지대 등의 불모지를 제외하면, 육지의 50%는 농업에 사용되고 있다. 이 정도면 정말 엄청난 수치다. 이 면적을 시각화해보자면, 미국 면적의 5배에 해당하는 규모다. 사람들은 식량 생산을 위한 육지 면적이 축소될 수 없다고 생각하는 경향이 있다. 우리는 먹어야 살 수 있기 때문이다. 먹기 위해 땅이 필요하다면 우리가 할 수 있는 일이 그다지 많지 않다. 실제로 이 거대한 면적이 어떻게 사용되고 있는지 살펴보면, 77%는 가축 사육에 이용되고, 고작 23%만 식물성 식품 생산에 할당되고 있다.[4] 식량 생산을 위한 토지의 77%를 가축 사육에 동원하고 있지만, 이들이 생산하는 칼로리는 정작 인류가 소비하는 총량의 고작 18%에 불과하다. 이토록 비합리적인 관리 방식은 지능을 가진 종이 행하고 있는 일이라고 생각하기조차 어렵다. 정말 이럴 필요가 있을까? 지성을 가진 종이 고작 18%의 칼로리를 생산하기 위해 미국 면적의 네 배에 상당하는 토지를 계속 사용해야 할까? 동물성 식품의 소비를 아주 확고하게 지지하는 사람이라도 이러한 수치들을 보면, 분명 다시 생각해보게 될 것이다. 무엇보다 가축을 사육하는 이 모든 땅을 마련하기 위해 숲의 대부분을 파괴해야 했기 때문이다.

호모 사피엔스가 출현한 후 거의 30만 년 내내 지구는 숲으로 뒤덮인 곳이었다. 불과 1,000년 전만 해도 빙하가 덮이지 않은 육지 중 사막이 아닌 지역의 4%만이 식량 생산을 위한 경작지를 만들기 위해 벌채가 된 것으로 추정된다. 18세기에도 여전히 4억 헥타르 이상의 면적을 차지했던[5] 온대림은 현재 완전히 사라졌고,[6] 열대림 역시 급격히 감소하고 있다. 실제로 1,700년부터 현재까지 우리에게 필요한 공간을 만들기 위해 18억 헥타르에 달하는 삼림을 벌채했다. 이 면적을 시각화하면, 미국 면적의 두 배에 조금 못 미치는 규모다. 그렇게 단 몇 년 만에 사실상 우리에게 필요하지도 않은, 끝없이 펼쳐진 농경지를 만들기 위해 숲이었던 지역을 천문학적인 규모로 벌채하여 거주지 면적의 37%로 만들어버렸다.

이처럼 생존과 성장을 위해 도시는 점점 더 많은 자원을 이용하지만, 그 출처에 대해 우리는 제대로 살피지 않는다. 이미 현재 우리는 1.6개의 지구가 있어야 현재의 생활수준을 유지할 수 있고, 미래에는 상황이 더욱 악화할 것이다. 세계은행에 따르면, 지금부터 20년 안에 중산층, 즉 매월 250~2,500유로의 소득이 있는 사람들의 수가 현재의 20억 명 미만에서 약 50억 명으로 증가할 것이다. 30억 명이 더 늘어나면서 고기와 물, 연료, 금속, 원자재를 소비함으로써 지구 자원의 소비량은 이미 지속 불가능한 현재 수준보다 훨씬 더 높아질 것이다. 천연자원 소비 속도로 볼 때, 지구가 현재 문명을 더 이상 지탱할 수 없게 되기까지 얼마나 걸리겠는가를 묻는 것은 이제 수사적인 질문이 아니라 수많은 사람이 매달려 연구해야 하는 매우 심각한 문제다.

결국 아이작 아시모프Isaac Asimov가 상상한 공상과학 행성 도시 트랜터Trantor처럼 행성을 도시로 변모시키는 아이디어나, 지구 대부분을 덮을 수 있을 정도로 확장된 도시를 상상하는 일부 도시공학자들의 꿈은 실현 불가능한 환상이다. 그 이유는 바로 행성 자원이 유한하고 도시의 대사 작용이 비효율적이기 때문이다. 이러한 비효율적인 대사 작용에 대한 개념은 이미 칼 마르크스Karl Marx가 인간과 자연환경 사이에 존재하는 생태계적 관계에 대한 초기 연구를 바탕으로 통찰한 바 있었다. 《자본론Das Kapital》을 보면 이러한 내용이 있다. "자본주의적 생산은 인구를 대중심지로 집중시키며 도시 인구의 비중을 끊임없이 증가시키는데, 이것은 한편으로 사회의 역사적 동력을 집중시키지만, 다른 한편으로 인간과 토지 사이의 물질대사를 교란한다. 즉 인간이 식량과 의복의 형태로 소비한 토지 성분들을 토지로 복귀시키지 않고, 따라서 토지의 비옥도를 유지하는 데 필요한 자연적 조건을 뒤흔들어놓는다."[7] 그리고 "다른 한편 대규모 토지 소유는 농업 인구를 점점 감소시켜 최소한도로 축소하고, 점점 증대하는 공업 인구를 대도시에 밀집

시킨다. 이리하여 대규모 토지 소유는 자연의 생명 법칙이 규정하는 사회적 물질대사의 상호의존적 과정에 회복할 수 없는 균열을 일으키며, 그 결과 대지의 힘이 낭비되고, 이 낭비는 무역을 통해 타국에 수출된다."[8]

사회의 유기적 전환의 연결 과정에 생긴 이 메울 수 없는 균열은 곧 도시 대사의 메울 수 없는 균열이라고도 해석할 수 있다. 지구의 자원은 도시로 수입되면서 낭비되고, 인간이 소비한 지구의 구성 요소가 땅으로 돌아가지 못하고 소실된다. 정확히 말하면, 그 비효율적인 대사 과정 때문에 도시들은 모든 생명체가 그러하듯, 최소한만 소비하고 사용한 물질과 에너지의 대부분을 다른 순환으로 되돌려놓지 못한다. 즉 재활용하지 못하는 것이다.

마르크스가 동시대를 살면서 영향을 많이 받았을 것으로 추정되고 나중에 이탈리아로 귀화한 네덜란드 물리학자 야코프 몰레스코트Jacob Moleschott의 기록을 보면, "인간이 버리는 것은 식물에 영양을 공급한다. 식물은 공기를 고체 성분으로 전환하여 동물에게 영양을 공급한다. 육식동물은 초식동물을 먹고, 죽음의 먹이가 된 후에는 식물계에 새로운 생명을 퍼뜨린다. 이러한 물질 교환은 유기적 순환이라 부른다."[9] 이것은 마르크스가 말한 유기적 순환과 같다. 그 의미는 오늘날 소위 사회적 대사와 동일시될 정도로 확장되었다. 이는 개인의 대사에 관한 측정을 도시 전체로 확대할 수 있게 해주는 매우

     식물성 도시, 피토폴리스

유용한 개념이다.[10] 환경적인 관점에서 앞으로의 추가적인 도시 성장과 그로 인한 소비를 위해 아직 지구에 남은 공간이 얼마나 되는지를 알아낼 수 있는 수단이 된다.

　　도시의 사회적 대사를 측정할 수 있다는 개념은 오랜 역사가 있다. 도시가 자원을 폐기물로 변환하는 기계라는 관점에서 연구하는 관행이 시작된 시점을 찾아봐야 한다면, 1965년 아벨 울먼Abel Wolman이 〈도시의 대사The Metabolism of Cities〉를 발표하면서부터라고 할 수 있다.[11] 이 논문을 보면, 도시에 물이 유입되어 폐수로 배출되거나, 철이 원자재로 유입되어 고철이 되어 나간다는 내용이 있다. 아벨 울먼은 대도시 지역으로 점점 더 많은 양의 물과 물질, 에너지를 비롯해 영양분이 들어왔다가 나가는 흐름을 상세하게 정량화하는 수많은 연구에 길을 열어주었다.

　　사회적 대사의 성공에 두 번째로 중요한 이론적 공헌을 한 인물은 원형적 대사와 선형적 대사를 구분한 허버트 지라르데Herbert Girardet라고 봐야 할 것이다.[12] 그의 정의에 의하면, 원형적 대사는 자연계를 특징 짓고(한 유기체의 폐기물이 다른 유기체의 영양분이 된다), 선형적 대사는 도시계를 특징 짓는다(자원이 유입되어 낭비된다). 따라서 지구 환경의 위기는 도시가 성장하고 확산하면서 선형적 대사가 과도하게 증식한 결과로 봐야 한다. 지라르데에 따르면, 도시의 대사는 자연 재료를 우리 사회가 요구하는 대로 전환하는 데 도움이 되는 모든 것을 포함한다. 다시 말해, '자연을 사회로 전환하는 것'이다.[13] 도시 내에서 발생하는 모든 유형의 물질이나 에너지의 변형을 포함하는 탁월한 생각이다.

인류의 대사량을 측정하려고 하면 문제는 훨씬 더 복잡해진다. 생물학적 대사량, 바꿔 말하면 인간 전체가 생존할 수 있게 하는 데 필요한 에너지의 양만 측정한다면 어렵지 않을 것이다. 평균적인 사람의 기초대사량은 80W 정도다. 이 대사량은 호흡이나 혈액 순환, 신경계 활동 등과 같은 주요 필수 대사 작용에 사용되는 에너지의 총합으로, 일일 총 에너지 소비량의 45~75%를 차지한다. 사실상 인간의 일일 총 에너지 소비량은 약 120W로,[14] 평균 크기의 LED 텔레비전 한 대를 작동하는 데 필요한 에너지와 비슷하다. 이는 비슷한 체중의 다른 포유동물이 소비하는 에너지량과 대체로 일치하지만, 우리 인간은 뇌 기능에 약 25%의 기초대사량을 더 할당한다는 점이 다르다. 이는 다른 포유동물이 동일한 기능에 할당하는 비율보다 훨씬 높은 수치다. 그로 인해 인간은 성장과 같은 다른 기능에 할당할 수 있는 에너지가 다른 포유동물에 비해 적은 편이고 당연히 성장도 그들보다 덜하다. 이러한 관점에서 볼 때 우리 인간의 성장은 포유류보다는 파충류의 성장과 유사하다.[15]

지금까지 우리가 살펴보고 있는 대사는 생물학적 대사다. 그러나 인간은 이 생물학적 대사를 위해서만 자원을 소비하는 것이 아니라(오히려 이 비율은 현저하게 낮은 편이다), 다른 수많은 활동, 즉 소위 사회적 대사에도 자원을 소비한다. 종합적인 대사량(생물학적·사회적 대사량의 합계)을 계산해보면, 인류 역사의 시기에 따라 그 규모가 상당히 달라진다. 사냥 채집인의 대사량은 약 300W로 추정되고, 농경인은 약 2,000W였으며, 산업혁명 이후 현대인의 대사량은 영국인 8,000W부터 미국인 12,000W까지로 나타난다.[16] 현재 지구에서 가장 부유한 나라의 국민의 대사량은 생물학적 대사보다 70배에서 100배 정도 높다. 언뜻 보면 좋은 현상으로 보일 수 있는 계산 결과다.

내가 수업 중에 학생들에게 이 수치를 언급하기 전에 현재 유럽인의 사회적 대사가 얼마나 되는지 생각해보라고 하면, 대부분 현실에 전혀 가깝지 않은, 굉장히 부풀린 수치를 답한다. 이렇게 수치를 너무 과장해서 생각하는 이유는 인간이 다른 생명체보다 지구에 미치는 무분별한 영향이 훨씬 더 크다는 생각이 만연해 있기 때문이다. 학생들에게 인간의 사회적 대사량이 우리와 동등한 크기의 다른 포유류들보다 70배에서 100배 정도밖에 높지 않다는 사실을 밝히면, 처음에는 믿지 못하겠다는 반응을 보인다. '100배밖에 크지 않다고?' 학생들은 믿지 못한다. 본능적으로 우리 인간의 영향력이 고작 100배가 아니라 수십만 배는 더 클 것이라 판단하는 것이다. 그렇지 않고서야 학생들이 그토록 재앙에 가까운 수치를 대답할 수 있겠는가? 그러나 에너지 소비가 100배 더 높다는 것은 정말 엄청난 수치다. 이것만으로도 인간의 활동이 지구의 자원을 약탈하고 있는 수준이라고 설명하기에 충분하다. 그렇다면 이 100배라는 양이, 우리 인간이 지구에 미치는 영향력을 적절하게 표현할 수 없는 것처럼 보이는 이유는 무엇일까?

나는 우리 인간의 신체 크기가 필요로 하는 것보다 대사가 100배 더 높다는 사실이 실제로 무엇을 의미하는지에 대한 인식을 개선할 방법을 찾기 위해, 몇 년 전 옥스퍼드대학의 생태학 교수 야드빈더 말리Yadvinder Malhi가 쓴 글을 읽어보았다. 그는 지구에 미치는 인간의 영향력을 시각화하기 위해 독특한 방법을 사용했는데, 바로 이를 질량 단위로 가시화하는 것이었다.[17] 좀 더 자세하게 살펴보자. 인간 이외의 생명체는 사회적 대사를 하지 않고(한다 해도 에너지의 측면에서 전혀 두드러지지 않는다), 에너지도 생물학적 대사를 충족시키기 위해서만 사용한다. 1932년 캘리포니아의 데이비스대학교에 재직하던 스위스 농화학자 막스 클라이버Max Kleiber는 가축의 에너지 대사 측정에 매진했다. 다양한 크기의 동물이 필요로 하는 영양분의 양을 비교하는 방법을 찾던 막스 클라이버는 동물의 체중에 3/4승을 하면 신뢰할 수 있는 대사 수치를 얻을 수 있다는 것을 알게 되었다. '클라이버의 법칙'이라고 명명된 이 관계식이 박테리아부터 자이언트세쿼이아나무에 이르기까지 미생물, 식물, 동물을 포함한 모든 생명체에 적용되는 보편적인 값을 갖는다는 사실이 밝혀졌다.

 식물성 도시, 피토폴리스

기호로 설명해보자면, 동물의 대사율을 q, 동물의 질량을 M이라고 한다면, 클라이버의 법칙은 $q \sim M^{3/4}$이 된다. 이러한 법칙에 따르면, 생명체의 질량이 증가할수록 질량 단위당 대사 소비량은 감소한다. 이것이 무슨 말인지 평균 체중이 30g인 시골 쥐와 평균 체중이 4.5kg인 고양이를 예로 들어 설명해보겠다. 클라이버의 법칙을 이 두 동물의 체중에 적용하면, 고양이의 대사량은 쥐의 대사량보다 43배밖에 높지 않지만, 체중은 150배나 된다. 다시 말해, 덩치가 더 큰 생명체가 질량 단위당 에너지 소모가 훨씬 적은 것이다. 이러한 에너지 감소는 유기체에서 점점 더 높아지는 최대 대사율을 제한하는 구조 및 네트워크에 의해 조절되는 것 같다. 어쨌든, 이 이야기는 클라이버 법칙이 도시의 성장에도 적용될 수 있다는 아주 흥미로운 사실을 뒷받침해준다.[18]

여기서 우리가 주목할 부분은 생물의 질량으로만 신뢰할 만한 대사율을 얻을 수 있는 것처럼, 그 반대의 경우, 즉 대사율을 알게 되면 유기체의 질량도 구할 수 있다는 점이다. 이러한 역공식을 인간의 사회적 대사에 적용하면 흥미로운 결과를 얻을 수 있다. 산업화 이전 시기에 대사량이 2,000W이던 농부의 질량은 코뿔소 한 마리의 질량과 비슷한 약 2.5톤인 반면, 산업 시대에 사는 현대인(미국인 기준)이 12,000W의 대사량을 가졌을 때 현대인의 질량은 15톤 정도로 추정할 수 있다. 지상의 포유류 중 덩치가 가장 큰 성체 수컷 코끼리의 두 배가 넘는 무게다. 이제 15톤의 영장류를 생각해보자. 아마 킹콩과 매우 비슷할 것이다. 여기서 좀 더 상상력을 발휘해서 3억 1천만 명의 킹콩이 미국에 살고 있다고 생각해보자. 킹콩을 우리가 환경에 미치는 영향을 보여주는 유닛이라고 가정하면 훨씬 더 명확하게 이해할 수 있다. 내 제자 중 가장 깐깐한 학생들도 눈앞에 연상되는 모습에 수긍한다. 킹콩이 수십억 마리라면 지구의 대사에 큰 영향을 미치지 않을 수 없다. 나는 피렌체에 살고 있는데, 이 도시에는 37만 명의 주민이 살고, 매년 수백만 명의 관광객이 드나든다. 엄청난 규모의 거대한 원숭이 집단이 이 도시에 모여 매일 선형적인 방식으로 막대한 양의 자원을 폐기물로 전환하고 있다고 상상해보자. 이러한 상상이 조금은 극단적이고, 도시에서 다른 수많은 멋진 것이 만들어지고 있지 않냐고 되물을 수 있을 것이다. 그러나 환경에 미치는 우리의 영향을 표현하는 데, 이 접근이 도움이 될 수 있다고 생각한다.

우리와 영장류(결국 호모 사피엔스도 영장류다)는 공통점이 많지만, 도시 안에서 우리가 사는 방식을 생각해보면 우리와 가장 공통점이 많은 생명체는 사회성이 있는 곤충이다. 이러한 관점에서 우리 도시는 수백만 개체가 모여 사는 군집체로 연구되어야 한다. 하버드대학 생물학 교수였던 에드워드 윌슨Edward Wilson이 제시한 비유는[19] 여기서 중요한 통찰을 얻을 수 있음을 시사한다. 그렇다면 개미(또는 흰개미)의 군집과 인간 도시의 대사에 대한 연구를 적용하면 어떻게 될까? 사실 앞에서 설명한 클라이버 법칙은 사회성 곤충 군집에도 적용되어, 군집의 크기를 개체 하나의 크기로 근사화할 수 있다. 다시 말해, 개미 군집의 총 질량을 초대형 개미 한 마리의 질량으로 간주하여 군집의 대사를 계산하면, 클라이버의 법칙이 완벽하게 적용됨을 알 수 있다. 따라서 군집이 커질수록 질량 단위(각 개미)당의 에너지 소비량이 감소한다는 것을 알 수 있다. 즉 개미 한 마리당 활동 속도가 더 느려지고 에너지 소비량이 줄어들어 작은 군집보다 더 큰 군집에서 더 적은 양의 에너지를 소비하게 되는 것이다. 이러한 감속의 원인은 아마 더 큰 군집에 있을 때 각 개체당 필요한 양의 먹이를 찾는 것이 더 어려워지기 때문일 것이다.

어쨌든 우리의 관심사는 이것이 아니라, 도시의 규모가 점점 커지면 어떤 일이 일어나는지다. 그렇다면 이때도 도시를 구성하는 개인들의 속도가 둔화될까? 분명 그렇지는 않다. 쉽게 예측하고 경험해볼 수 있듯이, 우리 도시의 현실은 거대한 곤충 군집에서 일어나는 상황과 반대되는 경우가 많다.[20] 시카고대학 생태학과 교수 루이스 베텡코트Luís Bettencourt는 도시 안에서 일어나는 활동을 장기간 측정한 결과를 분석하여 수많은 활동이 초선형 방식(사람의 수가 증가할수록 한 사람당 활동의 횟수도 증가하는 방식)으로 작용한다는 것을 알아냈다. 사람들이 걷는 속도부터 임금의 액수, 은행 예금액과 금리에 이르기까지 도시의 수많은 것이 이런 식으로 증가한다. 반면 일자리

수나 주택 수, 물 소비량 등은 선형적으로 유지된다(사람의 수가 증가해도 변하지 않는다). 이외 인프라와 관련된 것들은 준선형적인 방식으로(인구가 증가하면, 1인당 수치는 감소한다) 변화한다. 사회성 곤충과 달리, 인간은 더 큰 도시에 살수록 더 많은 기회, 지식 교류 및 다양한 혜택을 누릴 수 있기 때문에 더 활발해진다.

베텡코트가 기록한 바에 의하면, 도시는 규모가 커질수록 더 강렬하게 타오르는 별과 같다.[21] 그리고 실제로 도시에서는 물질적·문화적 생산부터 혁신에 이르기까지 모든 것이 더 빠르게 발생하는 것 같다. 그러나 이렇게 용광로가 풀가동될 수 있는 것은 수많은 매개변수가 초선형 방식으로 증가하기 때문이므로, 계속 가동하려면 자원을 찾아야 한다. 자원의 원천이 항상 동일하다면, 이러한 성장은 결국 대사적 붕괴로 이어질 것이다. 그렇다면 이 추가 자원은 어디서 오는 것일까? 베텡코트는 그러한 자원은 혁신에서 만들어지고, 그 혁신의 주 생산지는 도시여야 한다고 제안한다. 그래야 붕괴를 막을 수 있다. 실제로 모든 혁신은 자원의 붕괴가 일어나는 것을 막는 동시에 **미래에 다가올 한계점을 예고하기도 한다.** 따라서 수많은 도시 역사를 특징 짓는 주기적 흐름이 증명하는 것처럼, 도시는 성장의 팽창과 수축 단계를 반복적으로 겪게 될 것이다. 그런데 언제까지 혁신을 통해 용광로 같은 우리 도시의 끝없는 자원 수요를 충족시켜줄 수 있을까? 결국 별도 붕괴될 것이고, 그 어떤 혁신도 물리 법칙을 거스를 수는 없을 것이다.

그러나 우리는 할 수 있는 한 도시의 기아를 줄이고, 도시의 선형적 대사를 원형적으로 전환하기 위해 노력할 수는 있다. 이러한 의미에서 나는 동물 중심적 접근보다 식물 조직이 제공하는 가능성을 고려한 접근 방식이 상당히 유용할 수 있다고 생각한다.

06

분산된 도시

지구의 생명 주기와 비교해보면, 단 몇 년 만에 인류는 역사를 바꿀 정도의 강력한 힘을 지니게 되었다. 최근 1만 년 동안 우리 인간의 진화와 활동은 식물이 지구를 식민지화한 것과 비교할 수 있을 만큼 지구의 에너지 대사를 변화시켰다. 이러한 혁명의 결과는 현재 우리가 예측할 수 있는 범위를 완전히 벗어났다. 진실은, 상식적으로도 생태계를 지나치게 훼손하면 안 된다는 것을 알고는 있지만, 우리는 경제 성장을 늦추지 않고 지구에 미치는 영향을 제한하려면 어떻게 해야 하는지 모른다는 것이다. 그리고 아주 사소한 소비조차 절제하지 못하는 우리의 태도는 분명 행복한 미래를 위한 올바른 디딤돌이 될 수 없다. 어쨌든 기술적 혁신뿐 아니라 특히 사회적 혁신 없이는 그 무엇도 이룰 수 없다. 우리는 임계점에 가까워지기 전에 공공재의 소비를 최소한으로 줄일 수 있는 범세계적인 관리 형태를 고안하여 혁신해야 한다. 일단 한 번 넘어선 임계점은 다시는 회복되지 않거나, 회복이 되더라도 아주 비싸고 엄청난 대가를 치러야만 할 것이다. 사회적 영역과 기술적 영역 모두에서 혁신을 실현할 방법을 찾는 것이 우리의 미래를 위한 과제다.

우리가 생각하는 대책이 무엇이든, 한 가지는 확신할 수 있다. 우리가 마련한 대책이 효과를 거두려면, 도시가 운영되는 방식에 근본적인 영향을 미쳐야 한다는 것이다. 사실상 도시는 지구 표면의 아주 일부만 차지하고 있음에도 우리가 환경에 가하는 공격의 현장이다.

우리는 이전 장에서 서양의 부유한 도시에 사는 한 주민이 지구에 미치는 영향력이 15톤짜리 영장류와 어떻게 비교될 수 있는지를 살펴보았다. 지구상의 부유층 시민의 수가 배가되면 아주 끔찍한 장면이 연출될 것이다. 그러나 도시의 영향력을 정확하게 수량화한 개념을 알고자 한다면, 설명만으로는 부족하고 숫자로 봐야 한다. 데이터 분석에 의하면, 전 세계 에너지 소비의 70% 이상과 천연자원 소비의 75% 이상이 도시에서 발생한다. 이산화탄소 배출량의 약 75%와 폐기물량의 약 70%도 도시에서 나온다. 2021년에 실시된[1] 전 세계 167개 도시의 온실가스 배출량을 분석한 연구에서, 25개 대도시에서만 방출되는 양이 전체 온실가스 배출량의 52%를 차지하는 것으로 나타났다. 아시아 지역의 도시들이 가장 많은 양의 온실가스를 배출했고, 선진국의 도시 대부분이 개발도상국의 도시에 비해 1인당 온실가스 배출량이 훨씬 많았다. 모든 유형의 건물(주거용, 교육용, 상업용, 공업용)에서 소비되는 에너지는 북미와 유럽 도시의 총 온실가스 배출량 중 60~80%를 차지하는 한편, 도시의 3분의 1에서는 총 배출량 중 30% 이상이 도로 교통에서 발생했다. 이러한 데이터는 지구온난화의 진정한 책임이 누구에게 있는지 명확하게 보여준다. 지금부터 25년 내에 도시에 25억 명의 인구를 추가로 수용해야 한다는 점을 생각하면, 도시 혁명을 준비하지 않은 채 우리가 미치는 영향과 관련된 문제들에 대해 진지한 해결책을 모색하는 것은 분명 불가능할 것이다.

이러한 관점에서 볼 때 문제는 두 가지일 것이다. 사실상 도시는 우리가 지구에 미치는 영향과 그에 따른 환경 변화의 주요 원천인 동시에, 그러한 변화에 대처함에서 인류가 가진 가장 취약한 지점이다. 이에 대해서는 인간이 우리 환경에 초래한 변화 중 가장 주요하고 위험한 사례인 지구온난화를 예로 들어 간단하게 설명해보겠다.

이제 누구나 알고 있으리라 생각하지만(필요해서가 아니라 해야 할 것 같아서 간략히 상기시켜 드리자면), 지구온난화는 온실가스의 배출 때문에 생긴 것으로, 그중 인간의 활동으로 가장 많이 발생하는 것은 이산화탄소다. 이 가스가 배출되면, 지구 대기에서 농도가 증가하여 냉각 작용을 방해한다. 그렇게 해서 평균 기온이 이전에 경험하지 못한 빠른 속도로 증가한다. 현재 우리는 이미 산업화 이전의 시대에 비해 1.5°C 높아진 기후에서 살고 있고, 세기말의 기후 예측에 따르면, 2~3°C 정도 오를 것이다. 이 온난화의 원인은 의심의 여지가 없다. 그러나 온난화의 결과가 지구에, 특히 우리의 새로운 생태학적 서식지인 도시들에, 무엇보다 세기말까지 70억 명이 넘는 인구가 살게 될 이곳에 어떤 영향을 미칠지는 아직 확실히 알지 못한다. 불확실한 이유는, 온도가 물리적·화학적·생물학적·생태학적 과정 등 지구에서 일어나는 모든 과정에 영향을 미치기 때문이다. 따라서 지구의 기후나 대기 순환, 물의 순환을 비롯해 해수면과 빙하의 높이 등에 어떤 변화가 일어날지 세부적으로 예측하기는 매우 어렵다.

그러나 한 가지는 확신할 수 있다. 이러한 변화가 가장 큰 피해를 입히게 될 곳이 도시라는 것이다. 지구상의 수많은 도시가 이미 지구온난화의 결과에 직면해 있고, 앞으로 점점 더 상황이 악화될 것이다. 현재 대기 현상으로 인해 이미 폭우나 화재, 폭풍, 가뭄 등의 발생 빈도와 강도가 증가하는 추세이고, 이것은 도시 집단과 경제에 직접적인 영향을 미칠 것이다. 예를 들어, 최근 몇 년 동안 지속적으로 빈번하게 반복되고 있는 현상인 폭염의 강도와 지속 기간을 생각해보자. 폭염은 매우 높은 기온과 습도, 고요가 수일 동안 연속적으로 지속되는 극단적인 기상 조건을 특징으로 한다. 지난 2022년 여름 동안 유럽 대륙을 강타한 폭염은 61,672명의 희생자를 낳았고, 특히 노약자와 취약 계층이 심혈관계 합병증으로 사망했다. 2017년의 한 연구에 의하면, 금세기 말까지 평균 기온 상승을 산업화 이전 수준 대비 단 2°C를 억제하는 데 성공한다 해도 (현재는 거의 실현 불가능한 추정치다), 도시에서 폭염에 노출되어 열사병으로 사망하는 인구수가 3억 5천만 명 이상 될 것이다.[2] 몇 페이지 전에 열섬 현상에 대해 언급한 바와 같이, 실제로 도심 지역이 주변의 농촌 지역에 비해 훨씬 더 덥다.

도시와 농촌의 온도 차는 영국의 기상학자이자 런던에서 약사로 활동한 루크 하워드Luke Howard가 1820년《런던의 기후The Climate of London》를 출간하면서 알려지게 되었다. 이 책은 도시에서의 기후를 다룬 최초의 책이다. 이 책에서 하워드는 9년 동안 런던 중심부와 바로 그 주변의 농촌 지역의 기온을 기록하여, 도시의 기온이 농촌 지역보다 높으며, 특히 이러한 온도 차는 야간 시간대에 최대가 되는 현상을 처음으로 지적하고 그에 관해 설명했다. 현재 전 세계적으로 열섬 현상으로 인해 도심의 기온은 평균 6.4°C 더 높은 것으로 추정된다(도시가 해당되는 지리적 위치와 건축 구조상의 특성을 비롯해, 특히 녹지의 규모와 분포에 따라 상당히 변수가 있는 데이터라는 점은 감안해야 한다).[3]

도시가 주변 환경보다 훨씬 더 뜨거운 것은 무엇보다

    식물성 도시, 피토폴리스

도시 표면의 대부분이 인공적이고 불투수성을 지녔기 때문이다. 투수성 토양이 부족하면 수분의 증발이 제대로 이루어지지 않아 환경의 냉각 작용을 방해한다. 게다가 도시 표면의 대부분이 어두운 색이라(여러 가지 요인이 있지만, 예를 들어 아스팔트를 생각해보자) 더 많은 양의 태양 복사열을 흡수하는데, 이에 적합하지 않은 열역학 특성을 지닌 자재들로 건설되어 있다. 여기에 건물이나 공장, 교통 차량 등 도시에서 사용되는 에너지의 상당 부분이 잔열 형태로 방출되고, 건물의 기하학적 구조가 바람의 통로를 막는 바리케이드 역할을 하는 데다, 대기의 방사 특성도 오염으로 변질된다는 점을 고려하면,[4] 도시가 점점 더 뜨거워지는 이유가 분명해진다. 이제 지구온난화로 인한 기후 격변에 도시의 열섬 현상까지 더하면, 특히 위도나 고도에서 불리한 위치에 있는 도시들은 이미 살기 어렵게 되었거나, 향후 몇십 년 안에 점점 더 그렇게 될 것이다.

이러한 문제에 대한 해결책을 찾으려면, 도시의 기후가 앞으로 몇십 년간 어떻게 진화할지에 대한 신뢰할 수 있는 모델을 확보하는 것이 가장 중요하다. 그래서 몇몇 연구소에서 앞으로 몇십 년 동안 우리 도시의 기후가 어떻게 변할지 예측하기 위한 시뮬레이션을 수행하고 있다.

우선, 도심지의 기후변화에 관한 연구에 몰두하는 1,200명 이상의 연구자로 구성된 컨소시엄인 도시기후변화연구네트워크Urban Climate Change Research Network: UCCRN에서 기록한 내용을 살펴보면 도움이 될 것이다. 2018년 UCCRN에서 다양한 정보가 수록된 보고서를[5] 내놓았는데, 간략히 살펴보겠다. 현재 지구상의 350개 도시가 극심한 더위, 즉 평균 최고 기온이 35°C 이하로 떨어지지 않는 최소 3개월 이상의 기간을 경험하고 있다. 2050년에는 이러한 도시들이 970개로 늘어날 것이다. 현재까지 도시에서 극심한 더위를 겪고 있는 2억 명의 시민이 2050년 이내에 16억 명으로 증가할 것이다. 현재 도시 인구의 14%가 여름철 극심한 더위 속에 살고 있고, 2050년에는 이 비율이 45%로 오를 것이다.

또한 2050년이 되기 전에 500개 이상의 도시에 사는 6억 5천만 명이 넘는 사람이 사용할 수 있는 담수가 최소 10% 이상 감소할 수 있고, 1,600개 도시에 거주하는 25억 명은 주요 작물의 국가 수확량이 최소 10% 이상 감소하는 상황에 직면하게 될 것이다. 이 외에도 570개 해안 도시에 거주하는 8억 명 이상이 홍수의 위험에 놓이게 될 것이다. 이 보고서를 쓴 연구자들이 '우리가 원치 않는 미래The Future We Don't Want'라는 적절한 제목을 붙였다. 여기에 실린 내용은 충격적이다.

그리고 전 세계 대학과 연구 센터에 분산되어 있는 연구소들이 강력한 기후 모델을 활용해 향후 30년이라는 한정된 기간 동안 도시의 기후가 어떻게 변할지 예측하려고 노력하고 있다. 취리히 연방 공과대학교는 간단하지만 효과적인 시스템을 이용하고 있다.[6] 한 도시를 선택한 다음, 이 도시가 2050년에 나타낼 기후와 가장 유사한 기후를 보이는 현재의 도시를 표시하는 방법이었다. 이 방법을 통해 2050년에는 도시들이 평균적으로 현재 남쪽으로 약 1,000km 떨어진 곳에 위치한 도시의 기후와 비슷하게 되리라는 것을 알아냈다. 2050년 로마의 기후 조건은 현재 튀르키예의 이즈미르 기후와 유사해질 것이고, 런던은 현재 바르셀로나의 기후와 비슷해질 것이며, 파리는 이스탄불, 마드리드는 모로코의 마라케시와 비슷해질 것이다.[7] 미국 도시들의 운명에 더 관심이 있는 사람들을 위해 메릴랜드대학에서는 540개 미국 도시에만 한정하고, 기간은 훨씬 더 나중인 2080년으로 설정한 결과를 알려주었다. 이 부분에서도 전혀 놀랄 것이 없다. 도시의 기후는 현재 약 800km 남쪽에 있는 도시들의 기후와 아주 비슷해질 것이고, 기온뿐만 아니라 강수량과 습도에도 큰 변화가 있을 것이다.[8]

요컨대, 최근 몇 년 동안 우리 도시에 닥칠 변화를 단순하면서도 강렬하게 전달할 방안을 모색하는 대학들이 늘어나고 있다. 이들의 목적은 최대한 많은 사람에게 우리 도시들의 미래 기후를 명확하게 알리는 것이다. 이러한 노력에도 별로 결실을 맺지 못한 듯하다. 대부분의 사람이 여전히 지구온난화와 관련된 그 어떤 주제에 대해서도 별 관심이 없거나 회의적인 태도를 보이고 있기 때문이다.

어쨌든, 향후 30년 내지 50년 동안 도시에 일어날 일을 상당한 신뢰도로 예측할 수 있다 하더라도, 더 중요한 문제에 대한 답을 찾아야 한다. 이제 피할 수 없는 변화에 도시를 더 강인하게 만들기 위해 우리는 무엇을 할 수 있을까? 무엇보다 지금 어떠한 일이 진행되고 있을까? 안타깝게도 이 두 번째 질문이 답하기가 더 간단하니 이 문제부터 짚어보겠다.

대다수의 도시에서는 아무런 조치도 취하지 않고 있다. 사람들은 마치 이런 현상이 있지도 않은 것처럼 행동한다. 일부 도시에서는 조기 경보 시스템이나 야외 근무 시간 조정, 그리고 경우에 따라 시민들이 시원한 휴식을 취할 수 있는 냉방 시설 설치 등의 행동 계획을 수립하고 있다. 마지막으로, 몇 안 되지만 깨어 있는 지방 자치 단체들은 문제의 근원을 해결하기 위해 가능한 한 도시 자체를 냉각시키려 애쓰고 있다. 그 중에서도 서울의 노력을 언급할 만하다. 열섬 현상과 미세먼지 오염을 최소화하기 위해 1,600만 그루의 나무를 심었고, 파리나 베를린과 같은 유럽의 수도들은 도시의 지표면을 최대한 투수성 있게 만들기 위해 녹지를 조성하고, 건물 지붕이나 표면을 녹지화하는 방법을 확산시키려 노력하고 있다. 이 모든 것이 열섬 현상을 줄이는 동시에, 앞으로 점점 더 빈번해질 폭우에 도시가 적응할 수 있게 하기 위한 실천이다. 즉 실질적인 조치는 신속히 실행 가능하며 하고자 하는 의지만 있으면 된다. 그저 꾸준히 가능한 한 나무를 많이 심고 더 많은 도시 지표면을 투수성 있게 만드는 것뿐이다. 그러나 이러한 관점에서 정말 무엇인가를 하고 있는 도시가 몇이나 될까? 아주 조금밖

 식물성 도시, 피토폴리스

에 되지 않는다. 거의 모든 도시가 표면적인 조치에 그치며 그 실제 효과는 미디어 효과와 반비례한다.

그럼에도 환경 위기에 대처하는 다른 모든 전략과 마찬가지로, 다른 생명체들이 어떻게 적응하고 있는지를 연구하는 일은 우리에게 통찰력 있는 관점을 제공할 수 있다. 그렇다면, 우리와 같은 곳에 사는 다른 생명체들은 무엇을 하고 있을까? 우리와 지구에서 함께 살고 있는 다른 종들은 지구온난화 문제에 어떻게 대응하고 있을까? 단호한 답을 해야 한다면, 이 한 가지밖에 없다. 바로 '이주'다.

지구의 역사를 장기간에 걸쳐 살펴보면, 기후와 지각 운동, 해양의 지속적인 변화가 이어져왔으며, 생명체는 항상 종의 분포를 변화시키는 능력으로 대응해왔다. 동물은 생애 동안, 식물은 세대를 거듭하며 생존에 더 적합한 곳으로 이동하는 경향을 보인다. 이것은 예외가 허용되지 않는 일반적인 규칙이다. 환경 조건이 악화되면, 생명체는 더 나은 조건을 찾아 이주한다. 그렇다면 이러한 현상이 현재 어떻게 진행되고 있는지, 이러한 이동이 우리 인간에게도 영향을 미칠 수 있는지 살펴보자.

육상 생물보다 훨씬 더 효율적으로(10배 정도 더 빠르다) 기온 상승에 대응하는 해양 생물부터 살펴보자. 수십 년 전부터 해양 종의 80% 이상이 다른 곳으로 이주하면서 번식과 먹이 활동의 패턴을 바꾸고 있다. 일부 종은 단 몇십 년 전만 해도

풍요로웠던 서식지에서 약 1,000km나 떨어진 곳으로 이미 이동한 상태다.[9]

육상 동물의 경우에도 이야기가 다르지 않다. 곰이나 늑대, 스라소니, 다람쥐를 비롯해 개구리나 무수한 곤충들도 더 시원한 기후를 찾아 이주하고 있다. 지구 전체에 분포하는 4,000종 이상을 연구한 결과, 그중 절반가량이 이동 현상을 보이며 10년에 평균 15km 이상 이동하는 것으로 나타났다.

병원체 역시 자신들의 벡터와 함께 이동한다. 근래에는 말라리아가 점점 더 높은 고도에서 나타나고 있고,[10] 과거에는 에티오피아나 콜롬비아와 같은 특정 고도에서 살면 말라리아에 걸리지 않는다고 여겼던 지역의 산비탈에서 모기를 통해 전염되고 있다. 리슈마니아증도 똑같은 상황이다. 상당히 치명적일 수 있는 이 질병은 과거 주로 열대 지역에 국한되었으나, 현재 병원성 기생충을 보유한 모기(파파타치)와 함께 북쪽으로 이동하고 있다.[11] 그리고 인간의 병원체뿐만 아니라, 작물 병원체도 마찬가지다.

이처럼 거대한 종 이동은 예측할 수 없는 결과를 초래한다. 한 종이 이동하면, 그에 의존하는 다른 모든 종도 함께 이주한다. 따라서 먹이사슬 전체가 이동할 수 있고(실제로 그렇게 하고 있다), 그 결과 우리 사회에 전례 없는 결과를 초래하고 있다.[12] 실제로 종의 재분배는 지역적·세계적 차원에서 생태계 기능과 식량 안정에 필요한 천연자원의 생산, 질병의 분포, 이산화탄소의 흡수와 같은 중요한 과정들에 영향을 끼친다. 이것도 고민을 시작해봐야 할 문제다.

식물도 생존에 더 적합한 장소를 찾아 대이동하고 있다. 수십 년 전부터 전 세계 식물의 북상 혹은 고도 상승에 관한 연구가 계속되고 있다. 스페인에서는 너도밤나무와 호랑잎가시나무 개체군이 빠른 속도로 점점 더 높은 고도로 이동하고 있다. 호랑잎가시나무는 일반적으로 너도밤나무 숲이 서식하는 고도로 올라왔고, 너도밤나무는 불과 얼마 전까지는 서식 불가능해 보였던 높이까지 이동했다.[13] 스칸디나비아의 경우, 현재 독일가문비나무 개체군이 1970년대보다 250m 더 높은 고도에서 발견되고, 자작나무는 1955년까지 해수면 위 1,095m 이상에서는 단 한 그루도 발견되지 않았으나, 현재는 1,400m 전후의 고도에서 정상적으로 자라고 있다.[14] 산에 사는 사람이라면 누구라도 목격할 수 있는 현상이다.

어느 정도 높이가 있는 산의 측면을 멀리서 보면, 나무가 자라는 영역과 그 위의 다른 영역이 구분되는 선, 즉 나무가 갑자기 사라지고 대개 초본 식물만 자라는 부분이 있다는 것을 알 수 있다. 아주 선명하게 드러나는 이 선을 수목한계선timber line이라 하며[15] 환경적 조건 때문에 나무가 더 이상 자랄 수 없는 고도를 나타내는데, 그 주요 원인은 주로 너무 낮은 온도 때문이다. 수년 전부터, 노르웨이부터 시칠리아, 파키스탄, 한국에 이르기까지, 전 세계의 기온이 상승하면서 이 수목

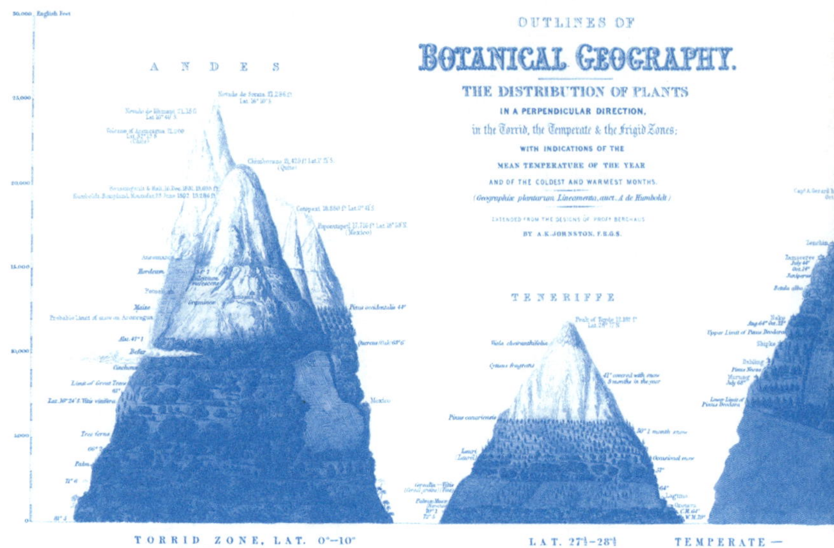

18 이 그림은 현대 식물지리학의 아버지인 알렉산더 폰 훔볼트Alexander von Humboldt의 과학적 발견을 바탕으로 한 1848년도 지도책의 한 장면이다. 위도 및 기후에 따라 식물이 자라는 고도를 나타내고 있다. 최근에는 지구온난화로 인해 다양한 식물이 서식하는 최대 높이가 점점 더 높아지고 있다.

한계선이 높아지고 있다. 최근 위성 이미지를 분석하며 진행한 한 연구에서는[16] 러시아 하바롭스크에 있는 차야틴산맥(489m)부터 아프리카 동부 적도에 있는 르웬조리산맥(4,528m)까지, 지구 전체에 고르게 분포된 243개 산맥의 약 100만km에 달하는 수목한계선을 분석했다. 2000년부터 2010년까지, 이 한계선의 70%가 매년 평균적으로 1.2m씩 상향 이동했다. 이 중 가장 빠르게 진행된 변화는 열대 지역에서 관찰되었는데, 다양한 지역적 특성으로 인한 큰 차이가 있기는 하지만, 해마다 약 3.1m씩 상향

식물성 도시, 피토폴리스

이동했다. 예를 들어, 말라위와 파푸아뉴기니, 인도네시아의 산악 지대에서는 일부 수목한계선이 매년 10m씩 상향 이동하는 반면, 다른 지역에서는 화재 발생 수의 증가 등으로 인해 수목한계선의 후퇴 속도가 매우 완만한 편이다.

그뿐 아니라 식물들은 북쪽으로 이동하고 있다. 지구상에서 지구온난화에 매우 심각한 타격을 받는 북극과 같은 일부 지역에서는 연간 50m 이상으로 이동 속도가 증가할 수 있다. 반면 지구의 다른 지역에서는 북쪽으로의 이동 속도가 연간 몇 미터 수준으로 유지되고 있는 것으로 보인다. 연간 이동 속도가 50m든 2m든, 수많은 종에게 이 이동 속도는 지구온난화의 영향을 피하기에 충분하지 않을 수 있다. 이것은 섭게 생각할 문제가 아니다. 지구온난화가 숲이 이동하는 것보다 더 빠른 속도로 환경을 변화시킨다면, 그 결과는 치명적일 수 있다. 이 때문에 세계에서 가장 선견지명이 있는 국가들은 식물 이주 지원 시스템을 마련하고 있다. 이를 통해 우리가 식물들을 새로운 지역으로 옮겨 그곳에 정착할 수 있도록 할 수 있다.

지구온난화가 식물 생명체에게 미치는 가장 명확한 영향 중 하나는 인간의 손에 의해 수많은 농작물이 북쪽으로 갑작스럽고 극단적으로 이동하는 것이다. 몇 년 안 되는 기간 동안 지리적으로 다양한 곳에서 재배종들이 뒤바뀌는 모습을 목격하고 있다. 예를 들어, 불과 몇십 년 전만 해도 지중해 문명을 상징하는 종 중 하나인 올리브나무의 북쪽 한계선은 이탈리아의 아펜니노산맥으로 여겨졌다. 토스카나 북부에서는 리구리아와 가르다호수 근처(두 지역의 기후는 아주 특수한 미기후다)에서만 소규모로 올리브나무가 자라고 있었다. 그런데 요즘은 이탈리아 전역에서, 심지어 오랫동안 넘을 수 없는 한계로 여겨졌던 45° 위도선을 훨씬 넘어선 알프스산맥의 비탈에서도 재배되고 있다. 이보다 더 놀라운 것은 지중해의 또 다른 상징적인 식물인 포도나무에서 일어나고 있는 일이다. 최근 몇년 사이, 포도의 재배지가 꾸준히 북쪽으로 이동해왔고, 현재는 상업용 와인을 생산하는 포도 농장이 노르웨이와 덴마크에도 있다. 프랑스의 대규모 와인 생산자들이 노르망디에서 켄트지방 사이에 새로운 포도 농장을 지을 땅을 매입하고 있는데,

　　　　　　　　　　식물성 도시, 피토폴리스

19 알래스카의 페데르센 케나이 피오르 국립공원의 빙하 변천 과정. 두 사진은 각각 20세기 초반의 상태(위)와 2005년의 상태(아래). 100년이 채 되지 않은 기간 동안 빙하가 0.93마일이나 후퇴하여 오리나무와 가문비나무 등의 다양한 식물이 자라는 들판이 생겼다.

이는 지구온난화의 영향으로 전통적인 포도 재배 지역의 면적이 감소하고 노르망디나 브르타뉴 같은 지역의 기온이 상승할 것이라는 점에 베팅한 것이다. 특히 브르타뉴에서는 몇 년 전부터 첫 레드와인이 생산되기 시작했다. 맥주로 유명한 영국은 향후 10년 안에 스파클링와인의 수요 증가에 힘입어 포도 농장 면적이 두 배로 늘어날 것으로 전망하고 있다. 이러한 북상 속도는 수그러들 기미를 보이지 않는 가운데, 스웨덴 남부에서도 최근 30년 동안 평균 기온이 약 2°C 상승함에 따라 이미 200헥타르가 넘는 포도주 생산 농원이 운영되고 있다. 여러 와인 제조업자와 양조학자의 말에 따르면, 앞으로 몇 년간 포도 농장의 면적이 더욱 확대될 것이다.

분명한 것은, 지중해 작물만이 북쪽으로 이동하는 것은 아니다. 열대 작물도 똑같은 압력을 받고 있다. 마찬가지로 이탈리아 남부와 시칠리아, 안달루시아를 비롯해 유럽 남부 지역이 품질 좋고 평가도 좋은 망고와 파파야, 아보카도, 리치, 안노나, 바나나 산지가 된 것으로 나타났다. 그렇다면 이러한 식물들의 기원이었고, 전통적으로 재배되던 열대 국가에는 무슨 일이 일어날지 알아내야 한다. 한편으로는 지구온난화로 인해 재배가 점점 어려워질 것이고, 다른 한편으로는 주요 시장에 더 가까운 북부 지역과도 경쟁해야 할 것이다. 세계적으로 부유한 북부 지역이 초래한 문제가 어떻게 가난한 국가들의 국민들에게 전가되는지 보여주는 수많은 사례 중 하나다.

많은 국가에서 농업은 경제 활동의 주요 요소다. 그럼에도 세계에서 가장 더운 지역이 겪는 이러한 경쟁이 지구온난화가 빚어낸 가장 중요한 문제가 아니란 사실이 더 안타깝다. 앞으로 몇 년 안에, 아니 이미 지금도 그렇지만, 극단적인 기온과 가뭄으로 지구의 상당 부분에서 인간은 거주할 수 없

     식물성 도시, 피토폴리스

을 것이다. 이 말을 꺼내는 것이 너무도 고통스럽다. 그러나 엄연한 사실이다. 앞으로 30~50년 내에 지구의 상당 부분이 너무도 뜨거워서 인간이 살 수 없을 것이라고 대부분의 모델이 보여주고 있다. 묵시적인 예언이 아니다. 점점 더 많은 연구에서 이런 결론이 도출되고 있다.[17]

우리 인간도 다른 모든 종과 마찬가지로 생존 가능한 환경적 한계가 존재한다. 인간의 엄청난 기술적 진보에도 이러한 한계는 계속 존재하며 아직 극복하지 못했다. 그중에서도 우리가 생존할 수 있는 온도의 범위가 결정적이다. 수천 년 동안 인간은 약 11~15°C 사이의 연평균 기온을 누릴 수 있었다. 이 평균 온도 내에서 우리 인간은 농작물·가축과 함께 성장·발전에 최적의 상태를 유지해왔다. 그러나 인류가 수천 년 동안 편안하게 살아갈 수 있게 해주고 큰 기온의 변화가 없었던 안식처가 이전에 없던 빠른 속도로 변화하고 있다.

최근의 연구[18]에서 밝힌 바에 의하면, 지구온난화의 시나리오가 변하지 않을 경우(즉 우리가 계속 전혀 해결하지 않을 경우), 향후 50년 내에 현재 세계 인구의 약 3분의 1이 거주하는 지역에서 연평균 기온이 29°C를 초과하는 현상이 발생할 것이다. 이는 현재 지구 표면의 0.8%에 불과한 지역, 주로 사하라 사막에 집중된 기온 수치다. 이러한 온도에서는 농업이나 가축 사육이 불가능할 뿐 아니라, 생존 자체가 불가능한 경우가 많다.

이 점을 이해하려면, 특정 온도 측정법, 즉 '습구 온도Wet bulb temperature'라는 것에 대한 몇 마디 설명이 필요하다. 습구 온도란 무엇인가? 습구 온도란, 일반적인 온도계에서 볼 수 있는 건조한 공기 중의 온도와 습도를 결합한 측정값을 말한다. 이 두 가지 매개변수가 인간의 건강에 미치는 환경 조건의 위험도를 측정한다. 이 위험도의 정의는 온도계의 구체에 젖은 천을 감싸면 수분의 증발로 인해 냉각 효과가 발생하는 원리를 이용한다. 이때의 냉각 효과는 공기의 습도에 따라 달라진다. 실제로 공기 중의 습도가 매우 높으면(공기가 이미 수분 포화 상태일 때) 증발이 제한되고, 그로 인해 온도 하락도 제한된다. 따라서 공기 중의 습도가 높을수록 습구 온도는 건조한 공기의 온도와 가까워진다. 인간에게 있어 임계값, 즉 건강한 사람이 6시간 동안 견딜 수 있는 습구 온도는 35°C다. 이는 75%의 습도 조건에서의 공기 온도 40°C에 해당한다. 실제로 사람은 땀을 흘려 자신의 체온을 조절하는데, 습구 온도가 35°C를 넘으면 발한 작용이 일어나지 않아 체온을 낮출 수 없게 된다. 그리고 그러한 상황이 발생하면, 인위적으로라도 체온을 낮추지 못할 경우, 내부 장기의 온도가 상승해 결국 기능이 정지된다.

여기서 중요한 질문은 이러한 한계를 이미 초과했는지, 지구의 어느 지역에서 몇 번이나 초과했는지에 관한 것이다. 2020년의 한 연구[19]에서는 이러한 한계가 아열대 해안 지역 일부에서 비록 몇 시간에 불과했지만, 35°C의 습구 온도를

    식물성 도시, 피토폴리스

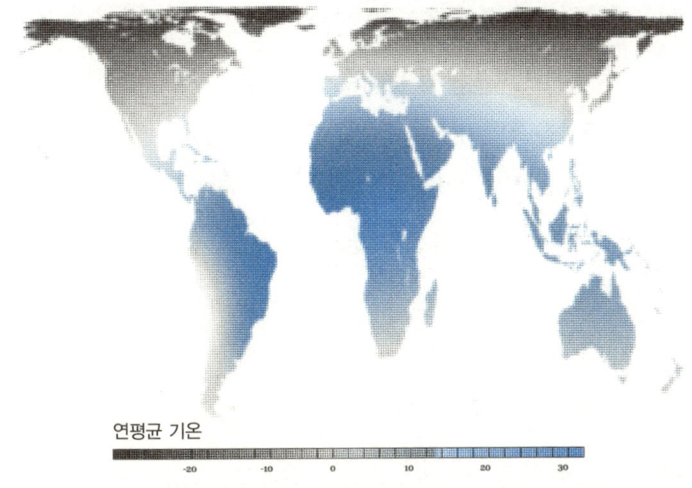

20   2070년, 지구온난화에 대한 우리의 접근 방식을 바꾸지 못했을 경우를 나타내는 그림. 현재는 사하라 일부 지역만 영향을 받고 있지만, 2070년에는 남아메리카와 아프리카, 중동, 인도, 오세아니아(진한 파란색으로 표시된 지역) 대부분의 연평균 기온이 29℃가 넘을 것이다.

겪었다고 보고했다. 좋은 소식으로 보일 수도 있는데, 사실은 전혀 그렇지 않다. 이전에 실시된 수많은 연구에서 인간의 생명에 한계가 되는 온도를 초과하는 상황이 수십 년 후에야 발생할 것이라 예측해왔기 때문이다. 같은 연구에서 전 세계적으로 습구 온도 30℃에 도달한 횟수가(이 정도 수준이어도 극도의 고온 다습으로 간주한다) 1979년부터 2017년까지 두 배 이상 증가한 사실이 밝혀졌다. 습구 온도가 31℃인 사례가 1,000건 정도 있었고, 파키스탄과 인도, 사우디아라비아, 멕시코, 호주에서는 35℃ 이상이 12건 정도 발생했다. 말하자면, 지구상의 수많은 지역이 우리가 살 수 없는 한계에 근접해 있는 것이다.

더욱이 35°C의 습구 온도 한계가 이론상의 연구에서 나온 수치고, 좀 더 선험적인 연구에서는 이 온도 임계값을 31.5°C 정도로 낮추는 경향이 있다는 점을 고려하면[20] 상황이 훨씬 더 우려스럽다는 것을 알 수 있다.

잠재적으로 가장 큰 타격을 받을 지역은 세계 극빈국들일 것이므로, 이들 지역에서 이주민이 발생해 대거 북쪽으로 이동할 것이라고 합리적으로 예상할 수 있다. 이렇게 말하면 (아마도) 가까운 미래에 차례대로 일어날 일들을 단순하게 나열하는 것으로 보일 것이다. 그러나 실제로는 쉽게 상상하기 어려운 사건들이 될 것이다. 부유한 국가 대부분은 현재 몇 안 되는 이민자에게도 국경을 열어주지 않고 있다. 앞으로 수십억 명의 이민자가 생존을 위해 이동을 하게 되면 어떻게 될까? 이상적인 세상은 아니더라도 그저 조금이라도 이성적인 세상이라면, 지금부터 우리는 피할 수 없는 사건을 관리하기 위해 준비해야 한다. 그리고 나는 개인적으로 우리가 지능이 있는 종이라는 것을 증명하기를 바란다. 지금은 대거 이주의 시대이고, 이를 막으려는 생각은 결코 바람직하지 않다. 또한 환경 변화에 대응하여 이동해야 하는 것은 동물과 식물뿐만이 아니다. 우리 인간의 대응책도 이동하는 것이다. 우리는 움직일 수 있는 생명체이기 때문에 동물에 속한다. 동물(사람도 포함한다)의 이동을 막는 것은 그 존재를 표현하지 못하게 하는 것과 다름 없다. 즉 그 존재가 알고 있는 유일한 문제 해결 방법을 차단하

는 것이다. 이주를 막기보다는, 그것이 기후변화에 가장 효과
적이고 신속하게 대응하는 방법의 하나라는 점을 알아야 한다.

또한 인류에게 전례 없는 이러한 이주는, 조만간 거주
가 불가능해질 지구의 여러 지역에 현재 살고 있는 사람들뿐
만 아니라, 머지않아 너무 더워질 지구의 부유한 도시의 거주
민들에게도 영향을 미칠 것이다. 상승한 기온은 부자와 가난한
자를 가리지 않고 모두에게 영향을 미칠 것이다. 앞으로 몇 년
안에 물에 잠겨 사라질 저지대 해안 주변에 사는 방글라데시
인구의 3분의 1이 이주하게 될 것이고, 여러 부유한 지역의 주
민들도 일부는 어쩔 수 없이, 일부는 좀 더 안정감을 느끼기 위
해 주거지를 옮기게 될 것이다. 예를 들어, 영국 웨일스의 페어
본 마을 주민들도 방글라데시처럼 해수면의 상승으로 해안이
잠겨서 집을 버리고 떠나야 할 것이다. 이들이 영국 최초의 기
후 이민자가 될 것이지만, 이들만 떠나지는 않을 것이다. 실제
로 영국 기상청은 1900년 이후 전국 해수면이 15.4cm나 상승
했고, 미래 기후 시나리오에 따르면 2100년 이내에 최대 1m까
지 더 상승할 수 있다고 한다. 해수면이 이러한 예측대로 상승
한다면, 전 세계 수많은 지역에서 대규모 이주 현상이 발생할
것이다.

그리고 인구통계학적 현상을 잊지 말아야 한다. 지구
의 인구는 계속 증가하여 2060년 무렵에는 약 100억 명에 이
를 것이지만, 가장 큰 증가는 열대 지역에서 발생할 것이다. 이

들이 지구온난화로 인해 북쪽으로 이동해야 하는 인구일 것이
다. 반대로 북부에서는 더 이상 아이가 태어나지 않아, 점점 증
가하는 고령층 인구가 점점 줄어드는 노동력에 의존하는 상
황이다. 경제적·사회적으로 지속 불가능한 이러한 상황은 조
만간(빠르면 빠를수록 좋다) 유럽과 미국이 이민자를 거부하기보
다 유치하기 위해 모든 수단을 동원하도록 강요할 것이다. 다
른 논리가 필요 없는 상식의 문제다. 예전처럼 국가가 자국의
경쟁력을 키우고 세금을 거두기 위해, 사람들이 유입되는 것을
막는 것이 아니라 떠나지 못하게 하던 때로 돌아가는 것으로
생각하면 된다.

만약 많은 사람(인구 전체)이 이주해야 한다면, 상당수
는 기존 도시로 몰려들 것이고, 특히 지구 북부 지역에 새로
운 도시들이 건설될 것이다. 문제는 이 새로운 도시들을 어떻
게 내구성 있게 지을 것인가다. 그리고 무엇보다 이미 존재하
는 도시들을 어떻게 변모시켜 이러한 환경 위기에 대응할 수
있게 할 것인가다. 또한 너무 변수가 많은 미래에 어떻게 대처
할 것인가? 생명체는 움직일 수 있으니 이동을 통해 문제의 근
원지로부터 벗어날 수 있다. 어떤 의미에서 북쪽에 불가피하게
생겨날 도시들도 이러한 이주 현상의 일부라고 볼 수 있다. 그
러나 이주할 수 없는 기존 도시들의 경우, 자연을 관찰함으로
써 우리가 얻을 수 있는 교훈은 무엇일까? 달리 말하면, 움직
이지 않고도 환경의 변화에 대응할 수 있다는 것을 보여준 생

　　　　　　　　　　　　　　　식물성 도시, 피토폴리스

명체는 무엇일까? 이에 대한 답은 의심할 여지 없이 단 하나, 바로 나무다. 나무에서만 수천 년에 걸친 저항의 예를 찾을 수 있으며, 세계에서 가장 오래된 도시 중 아직 존재하고 있는 도시와 가장 오래된 나무의 나이가 일부 비슷한 것은 우연이 아니다.

간단히 말해, 도시가 영감을 얻어야 하는 모델은 나무다. 그렇다면 이제 나무를 그토록 장수하고 강인하게 만드는 특성이 무엇인지 살펴보고, 그중 도시에 적용할 수 있는 것이 무엇인지 알아보자.

07

식물성 도시

이탈리아 사르데냐 남서부 지역의 작은 마을 빌라마사르지아 옆에는 천 년이 넘은 웅장한 올리브 농장이 있다. 사르데냐어로 '거대한 밭'을 뜻하는 이 '소르투 만누S'ortu mannu'는 누구나 한 번쯤 가보면 나무처럼 버틴다는 말을 이해할 수 있을 것이다. 나도 이 농장에 관한 이야기는 종종 들어봤지만, 몇 년 전 거기서 식물의 저항에 관한 강연을 해달라는 초청을 받기 전까지는 가볼 일이 없었다. 그 주제에 관해 이야기하기에 그곳보다 더 적합한 곳을 떠올리기는 쉽지 않을 듯하다. 우선 소르투 만누에는 수백 년 된 '나무'들이 있다(몇 그루는 분명 수천 년은 된 것 같다). 나무의 생존 자체가 저항 능력을 입증하고, 이 기념비적인 올리브 농장에서는 나무가 그토록 강인하고 장수하게 만드는 비밀 중 하나인 모듈성modularity을 가까이서 관찰할 수 있다. 이에 대해서는 잠시 후에 살펴볼 것이다.

이 올리브 농장에서 가장 웅장하고 유명한 나무는 둘레가 16m에 이르는 거대한 몸통의 올리브나무다. 나무의 이름은 사 레이나Sa reina(여왕)다. 엄청난 힘과 우아함을 겸비한 위엄 넘치는 나무로 거의 기적에 가까운 식물이다. 나무 이름을 몰라도 미적 감각이 조금이라도 있는 사람이라면, 그 왕족 같은 위풍에서 빠져나올 수 없다. 사 레이나 앞에 서면 천 년이 넘는 역사가 물질로 변한 모습을 보게 된다. 줄기는 얽히고설키며 스스로를 감싸고 있고, 혼란과 혼돈이 뒤섞여 지난 세월의 궤적이 명확하게 드러나지 않는다. 물리학에 어느 정도 일

21 사진 속의 올리브나무는 사 레이나이며, 이름의 뜻은 사르데냐어로 '여왕'이다. 장수와 저항력의 예를 가장 잘 보여주는 사 레이나는 다른 수많은 올리브나무와 함께 빌라마사르지아 인근 소르투 만누 농장에서 자라고 있다. 환경 변화에 대한 적응력, 나무의 모듈식 구성과 넓게 퍼진 조직 덕분에 극도의 저항력을 갖춘 살아 있는 유기체가 되었다.

가견이 있는 사람이라면 기이한 인력체의 물질화와 비슷하다고 할 것이고, 인력체가 무엇인지조차 모르는 사람은 거대하고 뒤틀린 줄기 그 자체가 멋있다고 생각할 것이다. 사 레이나가 지중해 최대의 올리브나무인지 최장수 나무인지는 중요치 않다. 이 나무가 거대하고 오래되었다는 것에 대해서는 의심의 여지가 없다. 그러나 이 점 때문에 이 나무가 특별한 것은 아니다. 사 레이나가 독보적인 이유는, 인간으로 하여금 불멸을 믿게 하기 때문이다. 적어도 나는 이 나무를 보면서 그렇게 생각했다. 이 정도의 강한 느낌을 주는 동물은 없었다. 코끼리나 혹등고래? 사 레이나와 비교하면 그 정도는 약하고 하루살이 같은 존재다.

사 레이나를 비롯해 수세기 동안 소르투 만누에 있었던 다른 동료 나무들의 가장 흥미로운 특징 중 하나는, 주의 깊게 살펴보면 거대한 몸통 줄기 내에 커다란 공동이 군데군데 존재하고, 그중 몇 개는 거의 몸통의 직경을 다 덮을 정도인 것을 볼 수 있다. 그렇다면 이 나무들은 어떻게 아직까지 그렇게 건강하고 생기 넘칠 수 있을까? 우리가 앞에서 이야기한 동물 중 하나에게 이런 일이 있었다고 생각해보자. 코끼리는 소르투 만누의 올리브나무처럼 몸의 상당 부분이 없으면, 아니 아주 일부만 없어도 살 수 없을 것이다. 동물이라는 이유 때문에 덩치가 어느 정도인지에 상관없이, 아주 작은 핵심 기관 하나만 없어져도, 그 기관이 더 이상 제 기능을 하지 않아도 죽게 된

　　　　　　　　　　　　식물성 도시, 피토폴리스

다. 살점 1파운드만 도려내도 충분히 죽을 수 있다. 그렇다면 이 나무들을 그토록 장수하게 만드는 비결은 무엇일까? 소르투 만누의 올리브나무들처럼 튼튼하게 수천 년 동안 살 수 있는 방법은 무엇일까? 그 비밀은 단일하거나 이중으로 전문화된 기관 없이 모듈식으로 구축되는 것이다. 전문화가 아닌 분산화가 비결인 것이다. 한마디로 식물은 가능하고, 동물은 불가능하다.

좀 더 정확하게 이해하려면 한 발짝 물러나 식물과 동물을 구분하는 근원적 특성을 알아야 한다. 그 특성은 바로 움직임이다! 나는 이것이 누구나 알아볼 수 있는 첫 번째 차이점이라고 확신한다. 식물은 움직이지 않는다. 이는 가장 눈에 띄는 특성이지만, 사실상 사실도 아니고 가장 중요한 것도 아니다. 그렇다면 움직임이라는 것부터 살펴보자. 우리와 같은 동물에게 움직인다는 것은 살아 있는 것을 의미한다. 움직이는 능력이 없는 생명체의 형태는 상상할 수 없다. 앞에서 언급한 것처럼, 동물에게 움직임은 각종 문제에 대한 대응이다. 움직이지 않고 환경의 자극에 대응할 수 있다는 것은 상상할 수 없다. 우리는 움직이는 능력을 갖춘 생명체이며, 바로 그 때문에 같은 특성을 사용하지 않는 생명체, 더 나아가 움직이지 않고 지능을 가진 존재는 더욱 상상할 수 없다. 그리고 움직임이 생명과 같다는 개념이 너무 강하면, 움직이지 않는 것은 모두 우리의 관심을 끌 가치가 없다고 생각하게 된다.

우리가 어떤 실험을 한다고 상상해보자. 우리는 지금 어느 화창한 봄의 토요일 오후에 이탈리아의 광장에 있다. 광장에는 수백 명의 사람이 햇볕을 쬐며 서로 수다를 떤다. 그런데 갑자기, 광장 한가운데에서 무엇인가가 물질화되기 시작하는데, 우리는 그것이 지구 밖 어디인가에서 왔다는 것을 알고 있다(물질에 출처가 적혀 있다고 가정하자). 길이가 1.5m 정도로 꽤 크고 형태는 계란형이다. 언뜻 보면 움직이지 않는 것 같다. 우리가 아는 그 어떤 것도 떠오르지 않는 모습을 한 확실한 외계 물체다. 이것이 무엇인지도 알 수 없고, 무엇보다 위험한지 아닌지도 모른 채, 우리는 일단 안전거리를 확보하면서 그 신비로운 물질 주위로 빙 둘러선다. 다들 그 구형 물체가 무엇인지 자신의 의견을 말할 권리가 있다고 생각한다. 어떤 의견은 웃길 정도로 말이 안 된다.

다시 한번 말하지만, 우리는 어느 화창한 봄의 토요일 오후에 이탈리아의 광장에 있고, 다들 이 시간을 즐길 기회를 놓치고 싶지 않다. 그래도 우리는 잠시 어떻게 해야 할지 고민한다. 카페 주인은 경찰에 신고한다. 그리고 같은 지역에 사는 사람들 앞에서 자신의 담력을 보여줄 기회를 놓치고 싶지 않은 누군가가 나선다. 막상 나서기는 했지만 머쓱해서 머뭇거리자, 사람들이 함성을 지르며 부추기고 누군가는 등까지 떠민다. 결국 이 사람은 한 발을 최대한 길게 뻗어 신발 끝으로 그 기이한 것을 건드린다. 전혀 반응이 없다. 아무 움직임도 없다.

　　　　　　　　　　　식물성 도시, 피토폴리스

위험한 것 같지는 않으니 좋은 신호다. 배짱 있게 나선 이 사람이 다시 한번, 이번에는 좀 더 세게 건드려본다. 잠시 후에 또한 번 건드린다. 이번에도 이상한 물질은 전혀 움직이지 않는다. 살아 있는 것 같지도 않은데, 지능이 있을 것이라는 생각은 전혀 할 수 없다. 이 시점이 되자 다른 사람들도 가까이 다가가 살짝 건드려본다. 좀 더 이론적이고 과학 교육을 받은 누군가는 이상한 물체를 가까이서 관찰하며, 무엇을 닮았는지 혹은 막연하게나마 동물의 장기 같은 것과 비슷한지 떠올려본다. 딱히 떠오르는 것이 없자, 이것은 살아 있지 않고 지능도 없다며 논쟁에 종지부를 찍는다. 이것이 무엇인지는 과학자들이 알아낼 것이다. 경찰이 도착하고 미지의 무엇인가가 공유지를 점령했다는 사유로 보고서를 작성한다.

간단한 일화를 이처럼 장황하게 풀어놓은 이유는, 이 사소한 일화의 내용이 궁극적인 현실이기 때문이다. 어떤 것이 움직이지 않고 우리가 식별할 수 있는 기관을 갖고 있지 않으면, 우리와 동일시할 수 없기 때문에 가치가 없어 보인다. 우리가 식물을 이해하지 못하는 것과 마찬가지로 움직이지 않는 것은 이해하지 못한다. 우리에게 이러한 것들은 모든 생명체의 뚜렷한 능력인 움직이는 능력이 없기 때문에 이해할 수 없는 존재의 형태로 보인다. 그러나 앞에서 말한 것처럼 식물이 움직이지 않는다는 것조차 사실이 아니다. 정확하게 말하면, 식물은 태어나서 뿌리를 내린 곳에서 움직이지 않는 것이다. 어쨌든 이런 사소한 어휘의 문제는 제쳐두고, 식물이 움직이지 않고 뿌리를 내리고 있다는 점 때문에 식물 조직의 특징인 고유의 강인함이 부여되어 있다. 이것은 모두 움직이지 못하는 모든 생명체가 포식자로부터 스스로를 방어하기가 상당히 어렵다는 점에서 기인한다. 식물이 몸체의 상당 부분이 제거되어도 계속 살 수 있는 구조로 진화된 것이 바로 이러한 이유 때문이다.

식물의 조직이 이렇듯 강한 저항력을 가질 수 있는 비결은 간단히 말해 단일 혹은 이중 기관이 없다는 점에 있다. 소르투 만누의 올리브나무 중 하나가 단일 또는 이중의 전문 기관이 있는 동물처럼 구성되어 있다면, 즉 호흡을 위한 두 개의 폐, 소화를 위한 하나의 위, 보기 위한 두 개의 눈, 사고를 위한 하나의 뇌 등을 갖고 있다면, 어떻게 되었을까? 아마 미세한 손상을 한 번만 입어도, 예를 들어 곤충이 주요 기관에 구멍 하나만 내도 충분히 죽을 수 있을 것이다. 수천 년을 살 수 있으려면, 몸체의 그 어떤 부분도 유일하거나 대체 불가능해서는 안 되며, 이것이 가능하려면 생명에 기본이 되는 모든 기능이 특정 기관에 집중된 것이 아니라 몸 전체에 분산되어야 한다. 식물 조직을 정확히 설명하자면, 광범위하게 분산되어 있어서 치명적인 한계에 부딪혀도 그 기능을 잃지 않은 채 대응할 수 있다. 정반대로 동물 조직은 엄격한 계층과 전문화를 바탕으로 하고 있어서 조직 중 단 하나만 기능을 하지 못해도 구조 전체가 붕괴한다. 실제로 동물은 특정 기능에 전문화된 단일 혹은 이중 조직을 관리하는 뇌, 즉 머리를 기본으로 한 계층 구조로 이루어진다. 우리가 인간의 모든 조직에서 재현한 모델도 이와 동일해서, 조직도만 살펴봐도 알 수 있다. 지방 자치 단체의 행정에서 주식회사의 경영에 이르기까지, 학계의 위계 질서에서 도서관의 운영에 이르기까지, 국가 행정에서 아파트 관리에 이르기까지, 당연히 우리 도시의 설계와 기획에 이르기까지, 우리가 떠올릴 수 있는 유일한 체제는 우리 자신이 구축된 방식, 즉 계층적이고 전문화된 동물 모델이다.

그렇다면 이 시점에서 우리가 이렇게 만들어진 이유를 살펴보는 것이 좋겠다. 어디서나 복제가 가능한 이러한 동물 조직의 장점은 무엇일까? 사실상 단 하나, 속도밖에 없다. 우리는 환경의 자극에 빠르게 대응할 수 있도록 만들어졌다. 이것이 피라미드 계층 모델의 유일한 실질적 장점이다. 즉 머리에서 답이 나오면 가능한 한 짧은 시간 내에 행동으로 옮길 수 있는 것이다. 또한 문제가 무엇인지는 중요하지 않고 항상 답은 똑같다. 바로 움직이는 것이다. 더운 곳에서 시원한 곳으로, 음식이 없는 곳에서 음식이 풍부한 곳으로 빠르게 이동해 포식자를 피하거나 먹이를 얻는다. 문제는 다양하지만, 답은 하나다. 좀 더 꼼꼼하게 살펴보자면, 우리가 해결하지 못하는 여러 문제는 움직임과 신속한 결정으로 피할 수 있다. 이러한 점에서 우리 동물은 진정한 무적이다. 우리의 이러한 능력이 완성되기까지 수억 년의 진화를 거쳐야 했다. 계층 조직은 중앙 명령 체제를 통해 모든 결정을 내리므로, 원활한 속도로 움직이기에 매우 적합하다.

식물의 경우 빠른 반응이 가치가 없다. 환경의 변화로 인해 문제가 생기면, 식물은 이를 해결하는 것 외에 다른 선택지가 없다. 도망은 식물이 선택할 수 있는 옵션이 아니다. 그리고 올바른 대응을 마련하려면 현재 일어나고 있는 일에 대한 정확한 데이터를 가능한 한 많이 확보해야 하는데, 산발적으로 흩어져 말 그대로 땅에 뿌리를 내린 조직은 데이터 확보의 임무를 가장 잘 수행할 수 있는 가장 이상적인 구조다. 식물의 뛰어난 감지 능력과 결합되면 정주성定住性의 문제를 해결하기에 이보다 더 좋은 것은 없다.

이러한 간단한 사항들을 참고해보면, 이동을 위해 고안된 동물 모델에 따라 도시를 건설하는 것은 정말 좋은 생각이 아닌 것 같다. 그런데 우리는 수천 년 동안 정확히 그렇게 해왔다. 움직이지 않는 도시를 움직이는 동물인 우리 몸에 맞추려 했고, 우리는 그 무모한 대가를 치르고 있다. 도시의 성장과 발전, 기능을 맡겨야 할 모델은 의심할 여지 없이 식물 모델이다. 사실상 도시 역시 문제에서 벗어날 수 없으며, 이를 해결해야 하는 운명에 처해 있다. 그런데 식물 모델에 따라 도시의 중심부를 변화시키는 것은 기후 위기에 맞서는 데 근본적인 기여가 될 수 있다.

앞에서 본 것처럼, 도시 연구자들이 도시의 기능을 이

　　　　　　식물성 도시, 피토폴리스

해하기 위해 생물학의 가르침과 방법론에서 영감을 얻기 시작한 것은 적어도 19세기 중반부터였다. 그렇다면 어떤 생물학이었을까? 대사나 성장 억제와 같은 중요한 개념은 식물과 동물 모두에게 해당되지만(효율성은 서로 매우 다를 수 있다), 식물과 동물의 작동 방식은 서로 정반대라고 할 만큼 크게 다르다는 점을 분명히 인식해야 한다. 그렇다면 다시 질문으로 돌아가서, 어떤 생물학일까? 이에 대한 답은 의심할 여지 없이 동물 생물학이다. 식물계에서 유래된 가르침은 지금까지 도시계획 분야에는 알려지지 않았다.

앞서 살펴본 것처럼, 모든 도시는 정부의 기능을 포함한 중심지를 기준으로 발전하는 반면, 나머지 지역은 특정 기능, 즉 비즈니스 구역, 스포츠 구역, 병원 지역, 야간 유흥 구역, 대학 캠퍼스 등의 기능이 전문화되어 있다. 도시에서 확실한 동물 조직의 흔적을 보지 않을 수는 없다. 수년 전부터 다중심 도시나 광역 도시, 또는 최근에는 15분 도시라는 개념이 논의되어왔고, 이 모든 개념이 동물의 수직적 조직에서 식물의 수평적 조직으로의 전환을 암시하는 것 같지만, 사실상 우리 도시는 여전히 집중화 및 전문화를 기본 개념으로 설계되고 건설되고 있다. 일부의 경우, 극단적인 해결책으로까지 이어질 수 있는 기능의 집중화를 계속하고 있다.

오래전 내가 처음으로 도쿄에 갔을 때, 나는 이 도시에 대해 알기 위해 항상 하던 대로 최대한 걸어서 돌아다니려

했다. 물론 도쿄 전체를 걸어서 돌아다니려면 진정한 도시 탐험가의 끈기가 필요할 것이다. 거기서 한 교수님을 알게 됐는데, 은퇴 후 여름이든 겨울이든 가리지 않고 1년 365일 매일 아침 도시의 거리를 탐험하던 분이었다. 아침 식사를 끝내고 7시 반에 집을 나서 지하철을 타고 탐험할 지역으로 이동한 다음 거리를 한 곳 한 곳 돌아다니면서 지도에서 하나씩 지워나갔다. 12시 30분이 되면 다시 지하철을 타고 점심시간에 맞춰 집으로 돌아왔다. 그렇게 해서 7년 동안 시내 거리의 3분의 1 정도를 돌아다녔는데, 도시 탐험을 다 끝낼 때까지 살 수 있을까 하는 의문이 들었다고 한다. 글쎄, 내 방식은 그 교수 같은 광적인 체계성 따위는 전혀 없었다. 그저 잠깐의 자유 시간을 활용해 지하철을 타고 나가노나 아사쿠사, 긴자, 롯폰기, 메구로, 쓰키시마, 이케부쿠로 등 도쿄에 있는 수천 개 동네 중 한 곳의 중심부로 가보려는 것이었다.

시내 한가운데 도착하면, 정처 없이 거리를 걸었다. 마음에 드는 도시를 평가하는 내 개인적인 기준 중 하나는 서점과 공원의 수, 거리를 따라 늘어선 나무의 수였다. 나무와 서점이 많이 보일수록 그 도시는 살기 좋은 곳이라는 생각이 더 많이 들었다. 도시에서의 삶의 질을 평가하는, 간단하지만 한 번도 나를 배신한 적이 없는 방법이었다. 그런데 도쿄는 예외였다. 그곳에서는 이 방법이 통하지 않는 것 같았다. 여러 날 동안 도시의 여러 지역을 돌아다녔지만, 서점을 한 번도 보지 못

 식물성 도시, 피토폴리스

했다. 사방팔방 다 돌아다니고, 아주 구석진 지역에 숨어 있을 수 있다는 생각에 좁은 골목길까지 들어가 봤지만 헛수고였다. 어디를 가봐도 서점의 그림자도 보이지 않았고, 간혹 문구점이나 신문 가판대 같은 것은 있었지만, 진짜 제대로 된 서점은 전혀 없었다. 너무 이상한 일이었다. 각 지역의 인구가 유럽 수도의 평균 인구와 비슷한데, 어떻게 서점이 없을 수 있을까? 이 견딜 수 없는 허망함 때문에 처음부터 나는 이 도시에 대해 약간의 반감을 갖게 되었다.

어쩌면 내가 무엇인가를 이해하지 못했을 수 있다. 나는 서점을 찾아내겠다는 굳은 결심을 하고 각 마을에 갈 때마다 아무 소득 없이 거리를 뒤지고 다니다가, 결국 아무나 붙잡고 서점이 있는지 물어보기 시작했다. 그러나 양쪽 모두의 언어 지식 부족으로 인해 그들의 대답이 내게는 완전히 엉뚱하게 들렸다. 내가 물어보는 사람마다 의미 없는 장황한 말로 시작해 확실히 어떤 말로 끝내곤 했는데, 그 말이 내가 듣기에는 '빔보초'라고 하는 것 같았다(이탈리아어로 'bimboccio'는 뚱뚱한 남자아이나 볼품없거나 어리석은 남자를 낮춰 부를 때 사용한다—옮긴이). 그때만 생각하면 지금도 웃음을 참을 수 없다. 그 '빔보초'가 무슨 뜻이었을까? 나는 누군가 "잘 보세요. 이 길로 쭉 가면 오른쪽 두 번째 길에 서점이 있을 거예요"와 같은 대답을 할 것이라 기대했다. 그런데 다들 한결같이 알아들을 수 없는 설명을 하다가 같은 말만 계속 반복했다. "빔보초, 빔보초." 당신에게도 그런 일이 있었는지 모르겠는데, 소리와 의미가 한번 연관되면 다른 말로 들리기가 매우 어려워진다. 내게는 그런 적이 자주 있었다. 어떻게 된 것인지 간단히 설명해보자면, 그 사람들은 '빔보초'라고 한 것이 아니라 '진보초'라고 한 것이다. 서점으로 유명한 동네 이름이 진보초였다. 거기에 가면 내가 원하던 서점을 여한 없이 볼 수 있었을 것이다.

실제로 진보초는 책을 사랑하는 사람에게는 꿈의 동네다. 모든 도서 애호가의 약속의 땅과 같은 곳이다. 지하철역도 책 이미지로 장식되어 있다. 카페마다 독서하는 사람들로 가득하고, 어디서나 책을 들고 거리 여기저기를 돌아다니는 사람들이 보인다. 정말 수백 개의 서점이 나란히 겹쳐 서 있다. 실제로 도쿄 대부분의 서점이 진보초 지역에 집중되어 있다. 무려 다섯 개의 주요 대학이 이 근방에 있다는 점이 이 거리의 기이한 집중화를 만든 원인 중 하나다. 두 번째는 일본인들이 도시의 특정 지역에 일부 기능을 그룹화하는 것을 좋아하기 때문이다. 이러한 양상은 일본 도시의 계층적이고 전문화된 개념과 깊이 관련되어 있어, 심지어 아름다움까지 특정 지역에 집중되어 있다. 일본의 도시들은 아름답지 않다. 적어도 서구적인 개념에서는 그렇다.

그러나 거의 모든 도시에는 아름다움이 집중된 화려한 지역이 있다. 이곳의 공원과 거리, 사원, 주택들은 우리가 '일본' 하면 떠올릴 수 있는 것들로 열성적이고 세심하게 관리

된다. 일본인들에게 아름다움은 어디에나 있어야 하는 것이 아니라, 다른 모든 것과 마찬가지로 전문화를 통해 최상의 결과를 얻을 수 있도록 도시의 특정 지역에 집중되어 있어야 한다.

하지만 서점에 가려면 도시 전체를 가로질러 가야 하는 것이 정말 효율적일까? 전자제품을 구입하거나 공원을 산책하려 할 때도 그래야 한다면? 쇼핑을 하려면 쇼핑몰로 가야 하고 혈액검사를 받으려면 다들 전문 의료 센터로 가야 하는 것이 좋은 일일까? 그리고 무엇보다, 사회 계층에 따라 인구가 서로 다른 지역으로 분류되는 것이 과연 옳은 일일까? 동물과 식물 사이에도 항상 이와 똑같은 문제, 즉 집중 대 분산의 문제가 있다. 긍정적인 측면은, 전문화된 곳에서는 가격과 성능, 경쟁, 상품 비교 가능성, 유사 업종 간의 시너지 효과 등이 평균적으로 더 나은 결과를 제공한다는 점이다. 부정적인 측면은 전문화된 지역이 구조적으로 취약하다는 점이다. 금방 체감이 되는 것은 아니지만, 내가 생각하기에 이는 분명 절대적으로 가치가 훨씬 크다. 이것은 간단한 기본 생태학적 개념이다. 어떤 명목으로든 도시의 기능을 관리하는 사람은 누구든 의무적으로 알아야 할 사항이 있다. 어디든 생물 다양성이 감소하면 (도시의 여러 지역도 마찬가지다), 환경이 불안정해질 위험성이 매우 높아진다는 것이다.

당신이 사는 지역에, 단 몇 년 만에 폐허가 되어 현재 도시라는 유기체 내부에 죽은 블랙홀처럼 남아 있는 공업 지대와 쇼핑센터, 비즈니스 지역, 유흥 지역, 사무실 지역들은 얼마나 많은가? 전문화 지역 전체가 괴사하는 원인은 정말 예측 불가능하거나 사소한 경우가 많다. 예를 들면, 취향의 변화나 기술의 발전, 시장의 변덕과 같은 것들이다. 도시의 한 구역 전체가 사라지기에는 전혀 충분하지 않은 이유다. 도시 지역이 다기능성을 갖추지 못하면 생존 가능성이 희박하다. 어떤 이유로든 전문화의 이유가 사라지면 그 지역 전체가 더 이상 존재할 이유가 없게 된다. 이러한 도시 집중화의 기원은 아주 오래되었지만, 최근 몇 년 동안 역설적인 양상을 띠며 일부 도시 지역뿐만 아니라 도시 전체가 단 하나의 활동에만 전문화되고 있다. 예를 들면, 관광이나 기술 혹은 스포츠와 같은 분야에만 집중되는 것이다.

몇십 년 전까지만 해도 풍부한 다양성을 자랑하는 위대한 생명체였던 예술 도시들이 점점 쇠퇴하여 활기를 잃고 위험하고 황량한 획일성으로 떠밀려가는 모습을 우리는 얼마나 많이 목격해왔는가? 처음에는 도심에서 더 이상 일을 할 수 없게 된 장인들이 밀려나갔고, 그다음에는 대학과 그 학생들이 특정 전문 구역으로 격리되었으며, 그다음은 병원과 법원, 그리고 마지막에는 주민들까지 관광객들이 체류할 곳을 마련하기 위해 도심에서 내쳐져야 했다. 문화와 예술, 역사 역량이 풍부한 도시 전체가 관광객들의 유흥을 위한 특수화된 지역으로 변모했다. 이러한 상황이 언제까지 지속될 수 있을까?

　　　　　　　　　　　　　　　식물성 도시, 피토폴리스

　　생물 다양성이 없는 도시는 방어력이 없다. 다양성이 많은 도시 유기체는 얼마나 더 생기 넘치고, 회복력이 강한지 생각해보자. 분산된 도시에서 문제가 발생하면, 수천 가지 다른 활동이 즉시 그 손상을 메울 수 있다. 그러나 전문화된 도시에서 그 존재 이유가 사라지면 어떻게 될까? 영원한 전문화는 없다. 우리가 코로나 확산 기간에 본 것처럼, 관광객이 없었던 기간은 고작 2년밖에 되지 않았는데 일부 관광 특화 도시들은 파산 위기에 처했다. 이 도시들이 무엇인가를 배웠던가? 그런 것 같지 않다. 이렇게 전문화된 도시들이 앞으로 다가올 환경 변화에 저항할 수 있을까? 여름이 너무 더워져 관광객의 수가 어쩔 수 없이 감소하게 되면, 이러한 도시들의 경제는 어떻게 될까? 지구온난화가 모든 도시의 기후를 급격하게 변화시킬 것이라는 점을 결코 망각하는 실수를 저지르지 말자. 너무 멀리 이동하지 않고도 대다수 시민의 요구가 충족될 수 있고, 각 지역이 가능한 한 최고의 생물 다양성을 보장하도록 설계된 분산형 도시는 생존을 위한 필수조건이다.

　　우리가 앞서 종에 대해 언급한 것을 기억해야 한다. 전문화된 종은 자신의 생태적 위치에서 모든 것이 안정적일 때 유리하지만, 환경이 변화의 갈림길에 서게 되면 일반적인 종이 단연 훨씬 더 잘 견딜 수 있다. 이렇듯, 우리가 앞으로 다가올 시대를 최대한 안정적으로 맞이하기 위해 필요한 것은 탈중심화 및 분산 구성에 따라 건설된 **식물성 도시**다.

08

나무가 우거진 거리

결국 출발점은 앞으로 몇 년 안에 지구온난화가 인류 문명의 역사상 전례 없는 강도로 우리의 기후와 우리가 살고 있는 환경을 변화시킬 것이라는 사실이다. 우리는 최대한 빨리 이러한 변화에 우리 도시가 어떻게 대비할 것인지 실용적이고 효과적인 답을 찾아야 한다. 이렇게 낯설고 불안정한 미래에 대비하는 유일한 방법은 도시를 가능한 한 더 푸르고, 더 투수성 있으며, 더 분산적으로 만드는 것이라고 생각한다. 무엇보다 더 푸르게 만드는 것이 가장 중요하다. 지구온난화에 적응할 수 있는 도시와 그 영향을 받을 도시를 가르는 주요 기준은 그 안에 있는 나무와 식물의 양이 될 것이다. 따라서 우리 도시를 식물로 뒤덮어야 하는데, 그럴 시간이 별로 없다. 안타깝게도 이 변화는 작은 일이 아니다. 솔직히 많은 도시가 이러한 방향으로 조금이라도 나아갈 수 있을지 의심스럽다. 대다수의 시민과 도시를 관리하는 사람들은 사실상 현재 진행 중인 변화의 정도를 전혀 모르고 그런 문제가 존재하지도 않는 것처럼 계속 행동하고 있다. 이는 아무 대비 없이 수많은 도시를 결정적인 위기로 몰고 가는 현명치 못한 행동이다.

나무와 식물로 뒤덮인, 순환하는 자연과 직접적으로 소통할 수 있는 도시를 원한다면, 선택에 대한 과학적 근거를 이해해야 할 뿐 아니라 무의식적으로든 의식적으로든 도시가 주변 자연과 완전히 분리된 곳이라고 생각하는 강력한 문화적 장벽을 뛰어넘어야 한다. 이것은 우리 종의 역사와 직접적으로 연결된 원시적인 시각이다. 자연을 억압하거나 두려워해야 할 대상으로 보는 관점이다. 어쨌든 자연보다 중요한 것은 없고, 우리는 자연 없이는 살 수 없다. 자연이라는 개념 자체가 서서히 단계적으로 쓸모없는 개념이 되어갔고, 사실상 우리 미래에 대한 모든 논의에서 제외되어왔다. 심지어 우리는 언어에서도 자연을 내몰았고, 그 자리는 현대 사전에 기록된 '어디에나 존재하는 환경'으로 대체되었다. 환경에 대한 존중은 자연에 대한 존중으로 대체되었고, 고통받는 환경이 고통받는 자연을 대신하고 있다. 자연과 환경은 분명 전혀 같은 것이 아닌데도 동의어로 취급되었다.

우리는 지금 핵심적인 개념, 즉 1976년까지도 우리 언어에서 '가장 복잡한 단어'로 정의되었던 용어에 관해 이야기하고 있다.[1] 어원적으로 자연nature은 '태어난 존재'라는 뜻의 라틴어 'natus'에서 파생되었다. 이 라틴어는 그리스어의 'physis', 즉 근본적인 현실, 만물의 원리를 의미하는 단어를 번역한 것이다. 호메로스의 책에서도 식물의 본질적인 특성과 관련된 의미를 찾아볼 수 있는데, '땅에서 마법의 풀을 뽑아 내게 건네어 그 본질을 보여주었다'라고 기록되어 있다.[2] 다시 한번 말하지만, 식물은 모든 것의 기원이다. 식물이 없으면 동물 생명체가 존재할 수 없으므로 식물이 자연의 본질 그 자체, 즉 지구 생명체의 근본적인 실체다. 자연은 사물의 본질이며 사물의 현재 상태를 만드는 것이다. 따라서 사물의 현재 상태는 인간의 의지와는 상관이 없다.

우리가 자연을 우리 외부의 것으로 인식하는 이유가 바로 이 때문이다. 포도를 포기한 여우처럼, 그 흐름을 결정할 수 없기에 자연을 외면하기로 했고, 우리와는 별 상관없는 것이라 치부해왔다. 자연이 우리와 동떨어진 것이라는 이 어리석은 개념은 1859년 11월 24일 찰스 다윈이 런던에서 《종의 기원》을 발표하면서 인간이 장기간에 걸친 선택 과정을 통해 진화했고, 일련의 관계 네트워크로 인해 다른 모든 종과 불가분의 관계에 있는 자연의 일부이며, 다른 종과의 조화가 인간 생존에 필수적이라는 사실을 밝히면서 논리적인 차원에서 완전히 사라졌다. 그러나 과학은 우리의 오랜 확신과는 별개의 문제다. 다윈이 살던 바로 그 시대, 즉 산업혁명 기간, 자연이 실질적으로 무엇인지에 대한 인식이 결정적으로 인간 외부의 무엇인가로 다시 바뀌기 시작했고, 자연의 정복이 문명의 진보와 동의어가 되었다. 그 시기 미국 최초의 생태학자이자 1861년부터 1882년까지 이탈리아 주재 미국 대사를 지낸 조지 퍼킨스 마시George Perkins Marsh는 "사람이 주인이 되지 못하는 곳에서는 자연의 노예가 될 수밖에 없기 때문에", 인간의 사명은 자연을 정복하고 길들이는 것이라고 확신했다.[3]

두 세기가 지난 지금, 상황은 생각보다 훨씬 더 악화되고 있다. 인간이 자연 프로세스의 일부라고 생각하지 않을 뿐 아니라, 자연 바깥에, 그것도 그 위에 존재한다고 생각하고 있다. 자연은 길들여지지 않는 완전히 야생의 것이며, 인간 생존의 장애물이다. 우리가 도시를 자연과 인접한 공간으로 합리화하려 할 때마다 마주치는 지배적인 관념이 바로 이것이다. 많은 사람이 도시는 자연의 장소가 아닌 인간의 장소라고 생각한다. 이 두 가지가 제대로 구분되어 있어야 한다는 개념이 우리의 도시 역사에 너무 깊이 새겨져 있어서 거스를 수 없을 정도로 굳건하다. 인간이 처음으로 정착지를 만든 때부터 사실상 도시의 주요 기능은 자연으로부터 인간을 보호하는 것이었다. 비와 추위, 포식자의 위험으로부터 우리를 보호하는 것이 도시였다. 인류 문명이 시작된 지 12,000년이 지났지만 자연에 대한 불신은 달라지지 않았다. 우리는 인간만 자유롭게 돌아다닐 수 있는 무균 도시를 바란다. 르네상스 시대 이상적인 도시를 표현하면서 생명의 흔적조차 보이지 않는 도시, 현실에 대한 우리의 순진무구한 생각을 구현한 도시를 말이다.

혹시 내가 너무 과장하고 있다는 생각이 드는가? 아니면, 지난 몇 년 동안 기후 재앙과 명백한 도시의 지속 불가능성으로 인해 이러한 개념이 근본적으로 변화했다고 생각되는가? 수백 명의 유럽 도시 주민이 몇몇 식물에게 꽃을 피울 시간을 주고 여러 곤충이 드나들게 하기 위해 불과 몇 년 전까지 그렇게 자주 깎던 잔디를 깎지 않는 간단한 것부터 시작해 환경 보호에 열렬한 지지를 보내고 있다는 것을 생각해보라. 몇 안 되지만 현명한 일부 도시에서 행정관들의 강한 의지 덕분에 도시를 더 푸르게, 즉 더 회복력 있는 곳으로 만들기 위해 무엇인가를 하기 시작한 사례는 일단 제쳐두자. 파리 시장의 수그러들지 않는 의지 덕분에 가장 유명한 기념물 중 하나인 노트르담 대성당이 진짜 숲다운 숲으로 둘러싸이게 된 건 그렇다 치더라도, 역사적 중심지의 열섬 현상을 줄이기 위해 나무 몇 그루를 심자는 제안이 나올 때 보통 어떤 일이 일어나는지 생각해보자. 100번의 제안이 있었다면 99번은 도시의 건축적 측면과 양립될 수 없다거나 도시의 이미지 자체를 바꿀 거라며 기각되었다. 거리에 나무를 심는 정도의 아주 작은 제안조차 거부된다면, 지구온난화에 맞서기 위해 필요한 급격한 변화를 어떻게 이룰 수 있을까? 피렌체에서는 상당수의 도시 지식인이 피렌체 중심가에는 역사적으로 나무가 한 그루도 없었다는 이

  식물성 도시, 피토폴리스

유를 대면서, 건축적으로 특별한 가치도 없는 오래된 도심 거리에 50여 그루의 가로수를 심는 계획을 반대했다. 역사적 중심지에 나무를 심는 것이 아니라 심지 않는 것이 우리 도시의 모습을 영원히 바꿔놓을 것이라는 점을 그 많은 사람에게 어떻게 이해시킬 수 있을까?

지구온난화의 영향을 견딜 수 있도록 적합하게 만들 해결책이 있고, 이를 통해 도시를 더 강인하고 아름답게 만들 수 있다. 그러나 이는 단순히 나무 몇 그루 심는 것보다 훨씬 더 강력한 대책이 필요하다. 이를 구현하려면 대다수 국민이 그 근본적 유용성을 확신해야 하며, 이는 지구온난화의 위험성에 대한 대규모 문맹 퇴치 교육 계획으로만 달성할 수 있다. 하지만 대다수, 즉 압도적 다수의 사람들은 이에 대해 전혀 모르고 있다. 이 논제를 두고 과학계가 축적한 지식과 일반 대중 사이의 인식 격차는 실로 엄청나다. 지구온난화가 없었다면 발생 가능성이 미미했을 연속적인 재앙적 사건들은 단순히 불운한 사건으로 인식되며, 언론도 그런 식으로 보도하고 있다. 이토록 이해가 부족한 것은 교육 수준이 너무 낮기 때문이라기보다는(오히려 지구온난화에 대한 수용은 과학적 문맹 수준과 아무런 관련이 없는 것 같다),[4] 대다수 사람이 단 2°C의 온도 상승이 우리의 일상생활을 어떻게 바꿀지 상상하지 못하기 때문일 것이다. 나무가 도시 건축물의 웅장한 경관을 망칠 것이라고 이의를 제기하는 사람들은 자신들이 사랑하는 거리에 나무가 있을 때의 모습은 완벽하게 상상할 수 있지만, 기온이 2°C나 3°C 상승했을 때 그 거리의 모습이 어떻게 바뀔지 생각하지 못하기 때문이다.

우리는 거대한 나무 덮개의 존재가 도시의 미래에 중요한 요인 중 하나라는 점을 여러 차례 언급했다. 그리고 분명 이 책을 읽는 수많은 독자는 그 존재 이유를 명확하게 알겠지만, 건물로 가득하고 불투수성인 우리 도심에 수백만 그루의 나무를 심는 방법을 이해하기 전에, 나무가 왜 그렇게 중요한지에 대해 몇 마디 해야 할 것 같다.

나무가 가장 중요한 이유는 단순하다. 환경 자체를 냉각시키기 때문이다. 지구온난화 시대에 이 냉각 효과는 결코 사소하지 않다. 더 정확히 말해, 도심 냉각에 나무보다 더 효과적인 것은 없다. 나무를 비롯해 모든 식물이 그 크기와 비례해 주변 환경을 냉각시키는데, 이러한 효과는 두 가지 공존 현상, 즉 그늘과 증발산이라는 현상에서 비롯된다. 그늘은 직접적으로나 간접적으로 표면에 영향을 끼치는 태양 복사열의 양을 감소시켜 온도를 낮추는 반면, 증발산은 식물을 통한 수분 발산 작용과 지면에서 직접적으로 발생하는 증발 작용이 결합하여, 토양에 있던 물이 증기 상태로 전환되면서 환경을 냉각시킨다. 수분 증발 과정은 내생적(내부에서 일어남)이라 주위 환경에서 열을 흡수하는데, 여름철에는 흡수된 열의 양이 나무가 없는 지역에 비해 대기의 온도를 5~6°C까지 낮출 수 있다. 건

   식물성 도시, 피토폴리스

물이나 지표면 온도를 고려하면, 두 지역의 온도 차는 8~12°C까지 훨씬 더 벌어질 수 있다.[5]

지구온난화와의 전쟁에서 이러한 냉각 효과만으로도 나무는 우리의 가장 소중한 아군이다. 하지만 나무가 우리에게 주는 혜택은 이것만이 아니다. 사실상 나무 덕분에 건물이 냉각되어 에너지 소비량이 감소되고, 더불어 에어컨 수요가 줄어든다. 그리고 에너지 수요를 줄임으로써 에너지 사용으로 발생된 대기오염 물질과 온실가스 배출을 감소시킬 뿐 아니라, 대기오염 물질을 직접적으로 제거하고 이산화탄소를 흡수하여 대기의 질을 개선시킨다. 마지막으로 빗물을 걸러내고 빗물이 도시 배수 시스템으로 유입되는 속도를 지연시키는 역할까지 한다. 간단히 말해, 나무와 식물이 인간의 건강과 미관에 가져다주는 엄청난 혜택을 굳이 언급하지 않는다 해도, 지구온난화의 영향을 막는 데 나무만큼 훌륭한 것은 없다.

문제는 나무를 어디에 심을지다. 실제로 대부분의 도심에는 나무를 심을 수 있는 공간이 한정되어 있으며, 운 좋게도 충분한 공간이 있는 경우에도 여러 이유를 들며 나무를 심는 용도로 사용하지 않을 때가 많다. 이렇듯, 거대한 도시 혁명이 일어나지 않는 한, 도시에 심을 수 있는 나무의 수는 아주 미미한 수준이다. 실제로 유럽의 중간 규모 도시에서 한 해에 평균적으로 심는 나무의 수가 수백수천 그루밖에 되지 않는데도 매우 만족스러운 수치인 것처럼 홍보되는 일이 허다한

데, 이 정도의 나무가 도시에 발생시키는 냉각 효과는 사실 눈에 띄지도 않을 정도로 미미한 수치에 그친다. 우리가 도시에 심어야 하는 나무의 수는 그보다 훨씬 더 많다. 수천 그루가 아니라 수십만 그루를 심어야 한다. 심을 수 있는 건 하나라도 더 심어야 한다. 그렇다면, 다시 말하지만 어디에 심어야 할까?

지금 당장 사용 가능한 지면으로는 필요한 나무의 극히 일부만 수용할 수 있으므로, 현재까지 다른 용도로 사용했더라도 수목용으로 변경할 수 있는 새로운 공간을 확보해야 한다. 더 이상 공간이 없다면, 우선 덜 중요하고 쉽게 나무를 심을 수 있는 땅으로 전환할 수 있는 공간을 찾아내야 한다. 단순한 상식이다. 지구 전체에 분포된 도시들은 무엇으로 구성되어 있을까? 더 정확히 말하면, 도시를 둘러싼 공간은 어떻게 분배되어 있을까? 도시의 공간 분배에 관한 상세한 내용을 살펴보아도 도시 간의 비교 가능한 데이터를 찾기가 쉽지 않다. 아주 직관적으로 말하면, 도시의 표면은 건물과 도로, 옥외 공간으로 구분되어야 한다. 그러나 이 세 가지 요소가 각각 평균적으로 차지하는 비율이 얼마인지에 대한 데이터를 찾는 것은 복잡하다.

예를 들어, 도시의 면적에서 도로가 차지하는 비율은 도시의 역사와 도시화, 인구밀도, 도시계획을 비롯해 다른 수많은 요인에 따라 달라질 수 있다. 일반적으로 도로와 도로 기반 시설은 총 도시 면적의 20~40%를 차지하며, 미국과 같이 자동차에 대한 의존도가 매우 높은 도시에서는 이보다 비율이 훨씬 더 높다. 이러한 경우, 도로와 주차장이 총 도시 면적의 35~50%를 차지하기도 한다.[6] 건물과 옥외 공간이 차지하는 면적에 대한 데이터를 살펴봐도 거의 동일한 문제들이 나타난다. 그러나 약간의 허용 오차와 어느 정도의 근사치를 동원하면, 평균 도시의 면적에서 도로 및 도로 기반 시설이 3분의 1, 건물이 3분의 1, 옥외 공간이 3분의 1로 구성되어 있는 것을 확인할 수 있다.[7] 현재 옥외 공간(광장, 공원, 화단, 인도, 강변, 해변 등)은 일반적으로 새로운 나무를 심을 때 고려되는 공간이다. 다시 말해, 이러한 옥외 공간은 이미 나무로 덮여 있는 경우가 많다. 자투리 공간인 경우를 제외하면 추가로 나무를 더 심을 수 없는 것이다. 건물이 들어선 부지의 경우, 지붕 녹화나 테라스 조림과 같은 소규모 개입은 영향이 미미하므로 별다른 조치를 취하기 어렵다. 이제 남은 것은 도로와 도로 기반 시설밖에 없다. 전 세계의 수많은 도시에서 이러한 공간은 도시 면적의 상당 부분을 차지하며, 나무가 자라는 공간을 확대하기 위해 축소되어야 한다.

그런데 도로란 무엇인가? 너무 뚱딴지같아 보이는 질문이지만, 정확히 답하기는 어렵다. 현재 우리는 도로가 자동차를 위한 장소라고 인식하고 있다. 사람들에게 금지된 공간이자 차량 통행만을 위한 공간이다. 그러나 도로의 역사와 시간이 흐르며 도로가 어떻게 사용되었는지를 잠깐이라도 살펴본다면, 항상 그런 것은 아니었다는 것을 알게 된다. 수세기 동안 도로는 사람들의 왕래가 빈번한 공용 공간이자 사교 활동과 놀이, 공개 행사, 거래 등 다양한 활동이 이루어지는 장소였고, 그곳에서 교통수단은 필요에 따라 잠시 허용되는 곳이었다. 도로가 차량 전용으로 지정되어 보행자에게 금지되어 있다는 생각은 아주 최근, 불과 100년 전의 일이다. 지난 세기 초반 당신이 아는 도시의 거리를 담은 사진을 인터넷에서 검색해보라. 그 용도가 어떻게 바뀌었는지 발견하게 될 것이다. 지금은 차량이 끊임없는 물결처럼 흘러가고 있지만 역사 속의 우리 도시의 대로는 한때 평화로운 산책로였고, 지금은 끔찍한 주차장으로 변모한 광장 대부분은 만남을 위한 아름다운 장소였다. 당시의 사진이나 영상에서 보이는 것처럼 사람들도 요즘처럼 주로 인도를 걸어 다니기는 했다. 그러나 당시 사람들이 인도를 이용한 이유는 지금과 완전히 달랐다. 그 시절에 인도를 이용한 것은 지켜야 할 의무 같은 것이 있어서가 아니라, 단순히 도로보다 더 깨끗하고 먼지가 적었기 때문이었다.

당시의 지배적인 사고방식이 무엇이었는지 설명하려면, 사고가 나면 무조건 운전자에게 책임을 돌렸다는 점을 참고하면 된다. 운전자는 "아이가 갑자기 차 앞으로 튀어나왔어요" 따위의 변명은 할 수 없었다. 그에 대한 사람들의 반응이, 어린아이들은 다 그렇게 한다는 식이었기 때문이다. 버지니아 대학 역사학 교수인 피터 노튼Peter Norton[8]은 기발한 은유를 사

     식물성 도시, 피토폴리스

22　자동차 교통이 출현하기 전까지 도로는 사람의 통행이 금지된 곳이 아니었다. 20세기 초반 뉴욕 6번가를 찍은 이 사진처럼 도시의 거리는 평온한 산책의 장소였다. 많은 사람이 인도로 다닌 것은 더 깨끗하기 때문이었지만, 도로로 걸어 다니는 사람도 많았다.

용해 당시 도로의 상황을 이렇게 설명했다. "도로에서의 사고는 누군가 집 안 복도에서 오토바이를 운전하다가 사람을 치는 것과 같았다. 오토바이 운전자는 '그게, 저 사람이 내 오토바이에 뛰어든 거예요'라는 말로 자기변호를 할 수 없었다. 복도에서 오토바이 같은 위험한 것을 탄다고 생각하는 사람은 없기 때문이다." 이렇듯, 1920년대 초반까지 도로는 집 안에 있는 복도 같은 것이었다.

　　미국에서 시내 도로를 이용할 권리가 누구에게 있는지에 대한 논란이 처음으로 나오기 시작한 것이 바로 이 시기였다. 포드주의fordism(상대적 잉여가치를 생산하는 집약적인 축적 체제)의 발상지인 미국에서, 차량이나 사람 모두에게 도로 통행에 대한 그 어떤 유형의 제한도 없던 시절, 처음으로 자동차 수가 주민 열 명당 한 대를 초과하게 되었고(현재는 주민 1인당 한 대가 되었다. 비교를 하자면, 이탈리아의 경우 1960년대 초반이 되어서야 10명당 한 대가 되었다), 그로 인해 엄청난 투자가 이루어지기 시작했다(특히 몇 종류의 자동차에 집중적으로 투자되었다). 제1차 세계대전이 끝난 뒤 4년 동안 미국에서는 제1차 세계대전 전체 기간에 발생한 사망자 수보다 더 많은 사람이 자동차 사고로 사망했다. 1920년부터 1930년까지 10년 동안 희생자 수가 20만 명이 넘었는데, 그중 대부분은 도시의 도로에서 놀던 어린아이였다.[9] 이 엄청난 사망자 수는 여전히 모든 이에게 도로가 시민의 공간이라고 인식한 상태에서 자동차가 등장하여 발생한 직접적인 결과였다.

　　　이후 상황이 급변했다. 지방 자치 단체들은 사람과 차량의 공존에 관한 간단한 규칙을 마련하기 시작했고, 자동차의 제한 속도를 점점 더 낮췄다. 오하이오주 신시내티와 같은 일부 도시의 시민들은 점점 늘어나는 교통사고 사망자 수가 염려되어 국민 투표를 실시할 것을 요구했다. 안건이 통과되면 모든 운전자가 직접 차량에 속도 제한 장치를 장착해야 했는데, 이 장치는 차량의 전원 공급 장치에 연결되어 속도를 40km/h 미만으로 제한하는 것이었다. 미국의 막강한 자동차 산업은 이 단순한 속도 제한 장치를 두고 석기 시대로 돌아가

　　　　　　　　　　　　　　　　　식물성 도시, 피토폴리스

는 것과 같다는 비유를 하며 강경한 자세를 취했고, 도로 이용에 대한 기본 개념을 단번에 바꾸기 위해 총력을 기울였다. 속도가 위험하다는 생각이 인정되었다면, 사실상 자동차 산업은 자동차 덕분에 우리가 다른 그 어떤 이동 수단을 이용할 때보다 빨리 이동할 수 있다는 가장 큰 강점을 잃었을 것이다. 이동 속도를 모든 문제에 대한 최선의 대응으로 삼는 동물에게 이는 핵심적인 논제였다.

자동차 산업계는 도로 안전에 대한 모든 논제를 재구성하고 책임 소재를 뒤집는 캠페인을 고안해냈다. 사고가 나는 이유는 자동차가 위험하기 때문이 아니라, 보행자가 차량에 신경 쓰지 않고 전혀 주의를 기울이지 않은 채 도로를 활보하기 때문이라는 것이었다. 이때부터 역할의 반전이 시작되고, 도로의 주권이 자동차에게 넘어가기 시작했다. 자동차 회사가 이러한 역할의 전환을 용이하게 만든 전략은 그야말로 성공적이었다. 자동차 회사의 전략은 도시들이 가능한 한 빨리 몇 가지 규정을 발표해 보행자들이 더는 도로 한복판으로 걸어 다니지 못하게 하고, 인도로만 통행해야 하며, 길을 건널 때도 반드시 횡단보도를 이용하게 하는 것이었다. 다른 한편으로는, 지역 경찰과 보이스카우트와 같은 다양한 단체와 협력하여 좀 더 교묘한 작업도 진행했다. 계속 도로로 다니는 사람들을 부끄럽게 하거나 배척하는 것이었다. 이러한 전략에서 중요한 부분은, 여전히 도로로 다니는 사람을 도시 생활의 세련된 규칙과 그 필요성을 전혀 모르는 사람으로 만드는 것이었다. 그래서 그들을 일컫는 신조어로서 '제이워커Jaywalker'라는 용어를 만들었다. 한마디로 시골뜨기, 문외한이라는 뜻이다. 그때 이후로, 보행자의 행동을 규제하는 교통 전용 법률 덕분에 도로는 시민들이 아닌 자동차의 전유물이 되었다. 약간의 시간차만 있을 뿐 유럽 전역에서도 이와 거의 비슷한 과정이 연속적으로 일어났다. 오랜 역사를 지닌 대부분의 유럽 도시는 미국의 도시들과는 상당히 다른 상황에 놓여 있었다는 점에서 특이성이 있었다. 예를 들어, 이탈리아에서는 자동차 교통의 출현으로 공공장소로서의 도로만 사라진 것이 아니었다. 안타깝게도 도시 한복판에 거대한 주차장을 만들기 위해서 수많은 역사적인 광장이 사라져야 했던 것이다.

지금은 그런 수치스러운 광경은 (거의) 모두 사라졌고, 주차장으로 변한 역사적 광장도 찾아볼 수 없다. 그렇게 중요한 공간을 원상 복구한 일이 얼마나 혁명적이었는지 생각해보자. 우리의 도심과 광장 대부분이 산더미 같은 자동차에 묻혀 있었던 것이 불과 몇 년 전이다. 그 시절 사진을 보면, 훨씬 더 오래전의 야만적인 시대로 거슬러 올라간 것 같다. 현재는 일부 정신 나간 사람들 말고 그 누구도 역사적인 광장이 야외 주차장으로 바뀌는 것을 원치 않는다. 이건 분명 좋은 징조다. 마찬가지로 몇 년 안에 우리의 도로가 주차된 차들이나 이동 중인 차들로 뒤덮인 모습에 분명 불쾌감을 느끼게 될 것 같다. 가

23 요즘 같으면 우리의 역사적 광장이 수천 대의 자동차로 훼손되는 상황을 상상조차 할 수 없을 것이다. 그런데 불과 몇 년 전까지 아름다운 도시의 광장들이 야외 주차장으로 이용되었다. 사진은 1960년대 나폴리 플레비시토 광장의 모습이다.

까운 미래에, 원래의 합당한 주인에게 돌아간 도로는 다시 나무로 뒤덮여 기온을 낮추고, 자연이 도심으로 스며들게 하며, 사람들이 다른 생명체들과 다시 공존할 수 있게 해주는 중요한 임무를 수행해야 한다.

　　이것이 불가능한 일일까? 우리는 도로를 따라 자동차가 늘어서는 것을 결코 포기할 수 없을까? 그러한 것을 선택했을 때의 이점이 수많은 단점을 능가한다는 말인가? 나는 동의하지 않는다. 도로의 상당 부분에 차량 출입을 차단하고 도시 숲으로 전환하는 일은 전혀 불가능하지 않다. 몇 년 전 우리 역사적 중심지를 차량 통행 금지 구역으로 지정하고 광장에서 주차장을 없애버린 일이 불가능하지 않았던 것처럼 말이다. 초반에는 여러 가지 문제를 극복할 수 없을 것 같아도, 시간이 조금 지나면 숲의 장점이 명백하게 드러나 사소한 불편함 정도는 무의미해질 것이다.

더 나은 도시로의 변화에 관해 이야기할 때 언급할 수 있는 아주 좋은 사례가 쿠리치바다.[10] 쿠리치바는 브라질 남부 파라나주에 있는 도시로, 현재 거주민 수는 약 2백만 명 정도다. 1971년, 이 도시의 시장으로 선출된 젊은 건축가 자이메 레르네르Jaime Lerner는 당시 급격하게 인구가 증가한 도시를 시급히 관리해야 했다. 1972년, 레르네르 시장이 자신의 도시를 위해 구상한 변화는, 현재 후아 다스 플로레스Rua das Flores로 알려진 1차선 도로에서 시작되었다. 이 도로는 말 그대로 하룻밤 사이에 차량 통행이 금지되고 브라질 최초의 보행자 구역으로 탈바꿈했다. 레르네르 시장은 이러한 아이디어가 격렬한 반대에 부딪힐 것을 분명히 알았기 때문에, 프로젝트가 중단되지 않게 할 방법을 연구했다. 그래서 어느 금요일 저녁, 아무도 자신을 막을 수 없도록 하기 위해 법원이 문을 닫은 후에 한 무리의 인부 부대를 이끌고 도심으로 진입해, 그 도시에서 가장 교통량이 많은 도로 중 한 곳에 나무를 심고 화단을 설치하고 도로의 포장재도 걷어내고 가로등을 달고 벤치까지 설치했다. 인부 팀은 흐름이 끊기지 않게 교대해가며 월요일 아침까지 작업을 했다. 법원이 문을 열기 전까지 후아 다스 플로

   식물성 도시, 피토폴리스

24 브라질 쿠리치바의 후아 다스 플로레스는 세계 최초의 보행자 전용 도로 중 하나로, 자동차가 아닌 사람과 보행을 도시의 중심에 둔 대표적인 사례다. 1889년 11월 15일에 발표된 공화국 선포일을 기념하여 '11월 15일 거리Rua XV de Novembro'라고도 불린다.

레스를 브라질 최초의 보행자 전용 구역이자, 브라질 역사상 가장 빨리 완성된 공공 사업으로 만들어냈다.

분명 모든 것이 아주 간단하지는 않았을 것이고, 실제로 불만을 품은 시민들은(가장 적극적으로 반대한 사람들은 당연히 상인이었다) 레르네르 시장이 결정을 번복하도록 온갖 방법을 동원했다. 그러나 소용없었다. 누군가 시설을 훼손하려 할 때마다 시청 직원이 나와서 복구해놓았다. 청소년 무리가 식물을 뽑아내면 정원사 팀이 곧바로 미리 준비해둔 여분의 식물을 다시 심었고, 울타리가 파손되면 금방 유지 보수 팀이 수리해놓았으며, 벤치가 없어지면 누군가 다시 그 자리에 새 벤치를 갖다 놓았다. 레르네르 시장은 여러 인터뷰에서 자신의 목표가 6개월 동안 버티는 것이라고 말했다. 6개월만 지나면 시민들이 이점이 엄청나게 많다는 것을 깨닫고 더 이상 항의하지 않을 것이라 확신한 것이다.

정말 그가 말한 그대로였다. 상인들은 전보다 장사가 잘되는 것을 알게 된 다음 항의를 멈췄을 뿐 아니라, 도시의 다른 지역에도 보행자 전용 구역을 만들어달라고 요청하기 시작했다. 갑자기 산책할 수 있는 길을 이용하게 된 다른 시민들도 마찬가지였다. 레르네르 시장은 쿠리치바를 계속 관리하면서, 지상철처럼 운영되는 버스 시스템도 개발하고(현재 전 세계 수백 개의 도시에서 이 버스 시스템을 모방했다), 특히 수십 개의 공원을 조성하여 수백만 그루의 식물을 심어 공공 녹지 면적을 1인당 $1m^2$ 미만에서 $55m^2$로 늘렸다. 현재 쿠리치바는 높은 교육률을 자랑하며 브라질에서 가장 도덕적이고도 매력적인 도시 중 하나가 되었다.

인류학자이자 탈중심화 도시 개발 이론가인 제인 제이콥스Jane Jacobs는 이런 글을 쓴 바 있다. "도시를 생각하면 무엇이 떠오르는가? 그 도시의 거리다. 도시의 거리가 흥미로워 보이면, 그 도시도 흥미로워 보인다. 반면 거리가 따분해 보인다면, 도시도 따분해 보인다."[11] 자동차에 점령당한 거리는 본연의 특성을 잃는다. 따분할 뿐 아니라 끔찍하고 쓸모없고 해롭기까지 하다. 쓸모없는 이유는, 도시 구조가 잘 정비되어 있으면 개인 자동차들이 운행될 필요가 없기 때문이고, 해로운 이유는 지구온난화를 유발하는 온실가스와 수많은 오염 물질의 상당 부분이 도시의 교통과 직접적으로 연관되어 있기 때문이다. 도시에서 차량 통행을 위한 면적을 대폭 줄이고, 여기서 확보한 공간에 나무를 심어 공원을 조성하면, 교통으로 인해 발생하는 기후변화 가스(특히 이산화탄소)의 배출량을 줄이고, 나무가 흡수하는 이산화탄소의 양을 늘리는 두 가지 효과를 동시에 얻을 수 있다. 간단히 말하면, 한 가지 조치로 지구온난화의 원인에 직접적으로 대응하고 나무의 냉각 작용을 통해 지구온난화의 영향으로부터 우리를 보호할 수 있는 것이다.

아주 간단한 해결책으로, 초반에는 시민들의 생활 방식에 작은 불편과 조정이 따르겠지만, 쿠리치바 시민들과 쿠리치바 이후 시행된 모든 보행자 전용 도로 사례에서 그랬던 것처럼, 얼마 지나지 않아 포기해야 했던 모든 것에 대한 충분한 보상을 받을 수 있을 것이다. 당신이 사는 도시에서 다차선 대형 도로나 모든 등급의 도로 일부가 나무와 식물로 가득한 강처럼 탈바꿈한 모습을 상상해보자. 언뜻 보면 도시 내에서 이동하기 위해 걷거나 자전거를 타고 가는 공원과 비슷해 보일 수 있지만, 실제로는 공원이 아니라 여전히 상점과 서비스 시설, 카페, 주거 공간이 늘어서 있는 도로다. 그저 훨씬 더 아름답고 새로운 도로일 뿐이다. 제인 제이콥스뿐만 아니라 그 누구도 절대 따분하다고 평가할 수 없는 거리다. 특히 지구온난화의 위협에 대항할 준비를 하고 있는 도시의 거리다.

브라질 남부 히우그란지두술주에는 포르토 알레그리라는 도시가 있다. 이곳에는 우리가 다루는 것을 상상하는 데 도움을 줄 수 있는 거리가 있다. 거리의 이름은 후아 곤살로 지 카르발류Rua Gonçalo de Carvalho다. 이 거리는 종종 지구상에서 가장 매력적인 거리 중 하나로 꼽힌다. 포르토 알레그리 시민들이 당당하게 자랑스러워하는 '세상에서 가장 아름다운 거리'다. 이 거리가 매력적인 이유는 단 하나다. 양쪽 길가를 따라 자라는 나무들이 울창한 숲을 이루고, 이 숲이 도심까지 이어지기 때문이다. 자동차가 없는 후아 곤살로 지 카르발류를 상상해보자. 식물의 물결이 도로를 통해, 그 어떤 외부의 방해 없이 도시로 흘러들고 있을 것이다. 도시가 어떻게 궁극적으로 더 나은 방향으로 변화할 것인지 생각해보자. 다시 한번 말하지만, 우리에게는 대안이 없다. 반드시 그렇게 되어야 한다. 그리고 빠르면 빠를수록 좋다.

혹시 로버트 모세스Robert Moses에 대해 들어본 사람이 있을지 모르겠다. 대부분 들어본 적이 없을 것이다. 20세기 중반 뉴욕을 재설계한 미국 최고의 도시 설계자로 불리는 사람이다. 모세스는 상당히 독특한 도시계획을 채택했기에 많은 사람이 그의 업적을 파리를 설계한 오스만 남작Baron Haussmann과 비교한다. 모세스는 자동차를 진보와 현대성을 나타내는 최고의 상징으로 보았다. 많은 미국인이 그렇듯, 모세스도 자동차

25 회색 콘크리트 정글을 가로지르는 초록 동맥, 브라질 포르투알레그리의 '후아 곤살로 지 카르 발류'. 100여 그루의 티푸아나나무가 건물 7층 높이까지 자라나, 도시의 삭막한 스카이라인 속에 독자적인 생태계를 구축했다.

가 개인의 자유를 보장하는 데 필수적인 도구라고 생각했다.

그의 비전을 실현하기 위해 수백 마일의 도로를 건설하는 과정에서 시가지를 철거하고 종종 지역 사회 전체를 이주시켜야 했다는 사실은 그에게 그다지 괴로운 일이 아니었다. 미국을 발전시키는 데 가장 강력한 수단이 자동차이니, 도시는 이러한 발달을 지연시키는 것이 아닌, 더 용이하게 만들기 위해 건설되어야 했다. 환경 문제가 아직 존재하지 않았던 시절이었음에도 논란의 여지가 있었던 이 도시계획을 통해, 모세스와 그와 같은 많은 이가 불과 몇 년 만에 미국 도시들의 도로 수와 규모를 급증시키고 확장시켰다. 미국 도시들의 모습을 바꾸고, 뒤이어 지구상의 수많은 다른 도시, 심지어 유럽 도시마저도 변화시킨 강력하고 거대한 개입이었다. 1960~1970년대 사이 유럽에서도 도시로 드나드는 거대한 도로의 수가 헤아릴 수 없이 급속도로 급증했다. 모세스는 이 설계로 유명세를 얻었는데, 나는 도시의 미래에 대한 현재의 논쟁이 그와 상당한 연관성이 있다고 생각한다. 그는 도심에서 굴착기와 불도저를 사용하는 것에 대한 자신의 무심한 접근 방식을 정당화하기 위해서 이런 말을 하곤 했다. "계란을 몇 개 깨지 않고는 오믈렛을 만들 수 없다." 도시에서 자동차가 이동하는 것을 쉽게 하기 위해서는 시가지를 철거하고 숲을 파괴하며 땅을 아스팔트로 덮지 않을 수 없었던 것이다.

그렇다면, 지금 우리는 다른 오믈렛을 만들기 위해 계란을 깨야 한다. 진보의 필요성과 특히 강력한 자동차 산업의 추동력으로 단 몇 년 만에 도시의 모습이 새로운 도로 건설로 뒤바뀌었듯이, 이제 우리는 지구온난화로 인해 변화된 상황에 맞서, 그 당시와 다름없는 효율성과 속도로 도로에 차량 통행을 제한하고, 나무가 늘어선 길로 전환해야 한다. 시민의 이익을 최우선으로 생각하는 모든 도시는 지체 없이 이 방향으로 나아가야 한다. 어쩌다 발생할 수 있는 사소한 불편함은 마을 전체가 처참해지는 것과 비교할 수 없다. 모세스의 '오믈렛 철학'을 여기에 그대로 적용할 수 있다.

그런데 우리가 말하는 이 사소한 불편함이란 무엇일까? 나뭇길을 만든다고 해서 우리의 자유가 제한되거나, 나아가 발전하는 능력을 제한할 수 있을까? 나뭇길을 반대하는 첫 번째 이유는 이동에 관한 것이다. 도로를 폐쇄하면 도시로 어떻게 이동할 수 있을까? 사실 모든 도로에서 차량 이동을 차단해야 한다는 말이 아니다. 어느 정도 차단하되, 전부 차단하자는 말이 아니다. 또한 가로수 길에서는 도보나 자전거로 이동할 수 있다. 사실 도시에서는 이 방법이 최선의 이동 방법이고, 이를 위한 최적의 대중교통망이 건설되어야 한다.

도시에서 공간은 시민의 요구를 충족시키기 위해 가능한 한 가장 효율적인 방식으로 활용해야 할 자원임을 항상 명심해야 한다. 이동 방식에 따라 요구되는 공간의 형태는 다양하게 차이가 난다. 공간의 차원에서, 걷기나 자전거 타기와 같이 활동적인 방식은 중형차를 이용할 때와 비교하여 최대 20배 정도 더 효율적이다. 더욱이 자동차를 기반으로 한 이동 시스템은 도로와 주차장과 같은 기반 시설이 필요하며, 이 또한 소비된 공간으로 계산되어야 한다.

주차장으로 사용되는 공간이 얼마나 큰지 생각해보

자. 라스베이거스와 같은 미국의 일부 도시에서는 도시 면적의 30% 이상이 주차장으로 사용되고 있고, 인구밀도가 아주 높은 유럽 지역에서도 주차장 면적의 비율이 계속 증가하고 있다. 몇 해 전부터 주차장으로 사용하는 면적을 줄이기 위한 움직임을 보이는 소수의 도심(런던이 그러한 예다)을 제외하고, 나머지 도시들은 오래전부터 그 반대의 목표를 추구해왔다. 즉 계속해서 증가하는 차량의 수를 수용하기 위해, 점점 커지는 자동차 크기에 맞추기 위해 주차 공간을 늘리려 하고 있다. 이는 걱정 따위는 거의 하지 않는 광기라 할 수 있다. 유럽에서 가장 많이 팔리는 자동차 모델의 크기가 최근 몇 년 동안 매우 커졌다. 이는 한편으로 안전상의 이유, 다른 한편으로는 점점 더 증가하는 인구를 수용하기 위한 것이며, 또 다른 한편으로는 시장에서 점점 더 큰 모델을 요구하기 때문이다. 영국에서 1965년에 가장 많이 팔린 다섯 가지 모델의 크기를 살펴보면, 평균적으로 폭은 1.5m, 길이는 3.9m였다. 한편, 2020년에 가장 많이 팔린 다섯 가지 모델의 평균 크기는 폭 1.8m, 길이 4.3m로 커졌다. 자동차의 형태를 직사각형으로 전환해 근사화하여 계산해보면, 자동차 한 대가 차지하는 표면적이 32% 증가했다는 것을 알 수 있다. 자동차가 더 커졌다는 것은, 도로에서 이동 중일 때 도로를 더 많이 차지하고, 주차할 때 차량 접근과 타고 내리기 위한 공간도 더 늘어났음을 의미한다. 이처럼 자동차는 엄청난 면적이 필요하다. 다른 형태의 이동 수단과 비교하면

정당화하기 어려워질 정도의 공간적 양이다.

지금 우리가 하는 이야기를 좀 더 명확하게 설명하려면, 도시에서 교통수단에 할당된 면적을 제곱미터 단위로 나타내는 지표인 교통수단의 공간 발자국 개념이 유용하다. 이 공간 발자국은 전체 교통수단 범주(버스나 자동차, 자전거에 할당된 공간)나 그러한 교통수단 중 하나를 이용하는 개별 시민에게 할당될 수 있다. 전문적인 내용까지 들어가지 않아도, 보행자나 자전거는 자동차보다 이동 중일 때나 정지해 있을 때나 훨씬 더 작은 공간만을 필요로 한다는 점은 명확하다. 마찬가지로, 이동하는 사람의 수가 많을 경우에는 대중교통 수단이 개인용 자동차보다 공간 발자국이 훨씬 작다.

대중교통 효율성 높이기, 활동적인 이동 수단 장려하기(걷기, 자전거 타기 등), 어떤 방식으로든 자동차 교통 억제하기와 같은 방법만 성공해도 도시의 도로 상당 부분을 나무가 우거진 길로 전환할 수 있다. 크게 어렵지 않다. 사용되지 않는 자동차 한 대가 사라질 때마다 시민의 건강과 환경에 매우 유익한 나무를 심을 수 있는 상당한 공간(도로 인프라, 주차장 등)이 확보될 것이다.

이 시점에서 많은 사람이 이렇게 생각할 것이다. 그렇게 되면 참 좋겠지만, 도로를 폐쇄하는 건 상상도 못 할 일이라고. 설사 그렇게 된다 해도, 그전에 우리 대중교통의 상황과 효율성을 개선해야 한다고. 대체 교통수단이 없다면 생각할 수

없는 일이라고. '그쪽이야말로 주의(Whataboutism: 냉전 시기 소련
에 대한 비판이 제기되면 그에 대한 반박으로 '그쪽이야말로'라는 대꾸로
서구 세계에서 벌어진 사건을 짚었다)'를 거론하지 않아도, 도시를
나무로 덮는 것만으로도 도시의 문제는 완전히 달라진다. 나는
그저 '일단 해보자'라고 말하고 싶다. 레르네르가 쿠리치바를
하룻밤 사이에 바꿔놓았던 것처럼, 우리도 행동해야 한다. 그
리고 머리와 마음이 아주 완고한 사람도 확실하게 장점을 인
식할 때까지 버텨야 한다. 모든 퍼즐이 제자리에 놓일 때까지
기다리지 말고, 일단 우리의 도로를 나뭇길로 바꿔야 한다. 나
는 우리 인간의 자기 조직 능력을 굳게 믿는다. 차량 통행을 차
단하면 사람들은 자동적으로 더 효율적인 대안을 찾을 것이다.
행정부가 상세한 부분까지 모두 조절할 필요는 없다. 이제 행
정부의 주요 기능은 도시가 지구온난화에 버티게 만드는 것이
고, 도시를 나무로 덮는 것은 그들이 할 수 있는 몇 안 되는 현
명한 일 중 하나다.

　　　　　　　　　　　식물성 도시, 피토폴리스

01 — 인간은 만물의 척도?

1 Sheena S. Iyengar e Mark R. Lepper, *When Choice Is Demotivating: Can One Desire Too Much of a Good Thing?*, in 《Journal of Personality and Social Psychology》, 79, 6, 2000, pp. 995-1006.

2 Yinon M. Bar-On, Rob Phillips e Ron Milo, *The Biomass Distribution on Earth*, in 《Proceedings of the National Academy of Sciences of the United States of America》, 115, 25, 2018, pp. 6506-6511.

3 Oxfam International, *Survival of the Richest: How We Must Tax the Super-rich Now to Fight Inequality*, Oxford 2023.

4 Duane Isely, *One Hundred and One Botanists*, Iowa State University Press, Ames 1994, p. 184.

5 Giovanni Aloi, *Lucian Freud Herbarium*, Prestel, MünchenLondon-New York 2019.

6 André Félibien, *Conférences de l'académie royale de peinture et de sculpture pendant l'année 1667*, Léonard, Paris 1668, prefazione, s.i.p.

7 Lawrence Gowing, *Lucian Freud*, Thames & Hudson, London 1982.

02 — 동물성 도시

1 William Morris, *Prospects of Architecture in Civilization* (1881), trad. it. *Il futuro dell'architettura nella civiltà*, in Id., Architettura e socialismo, Laterza, Bari 1963, pp. 3-42: 3-4.

2 Rudolf Wittkower, *Architectural Principles in the Age of Humanism* (1949), trad. it. Principî architettonici nell'età dell'Umanesimo, Einaudi, Torino 1964.

3 Marco Vitruvio Pollione, *De Architectura*, Edizioni Studio Tesi, Pordenone 1990, pp. 162-163.

4 Le Corbusier, *Le modulor. Essai sur une mesure harmonique à l'échelle humaine applicable universellement à l'architecture et à la mécanique*, Éditions de l'Architecture d'Aujourd'hui, Boulogne 1950.

5 *Ibid.*

6 James Crabtree, *Le Corbusier's Chandigarh: An Indian City unlike Any Other*, in 《Financial Times》, 3 luglio 2015.

7 Peter Hall, *Cities of Tomorrow: An Intellectual History of Urban Planning and Design since 1880*, Wiley Blackwell, Chichester 2014 , p. 246.

8 Le Corbusier, *My Work*, The Architectural Press, London 1960, p. 155.

03 — 진화하는 도시

1 Charles Darwin, *The Autobiography of Charles Darwin (1809-1882): With Original Omissions Restored* (1958), trad. it. *Autobiografia 1809-1882. Con l'aggiunta dei passi omessi nelle precedenti edizioni*, Einaudi, Torino 2006, pp. 87-88.

2 Patrick Geddes, *Cities in Evolution* (1915), trad. it. *Città in evoluzione*, Il Saggiatore, Milano 1970, pp. 53-54.

3 Cit. in *Biology of Cities*, in 《Time》, 30 novembre 1942.

4 Thomas Hobbes, *Leviathan* (1651), trad. it. *Il Leviatano*, Utet, Torino 1955, vol. i, p. 161.

5 Thomas Huxley, *The Struggle for Existence in Human Society* (1888), in Id., *Evolution and Ethics, and Other Essays*, MacMillan & Co., London 1894, pp. 195-236: 204.

6 Siân Reynolds, *French Connections: The Scientific, Academic and Political Networks of Patrick Geddes in France (1870s-1900)*, in David Bates e Véronique Gazeau (dir.), *Liens personnels, réseaux, solidarités en France et dans les îles Britanniques (xie-xxe siècle)*, Éditions de la Sorbonne, Paris 2006.

7 Élisée Reclus, *Pages de sociologie préhistorique*, in 《L'Humanité Nouvelle》, febbraio 1898, pp. 129-143: 138.

8 Élisée Reclus, prefazione a Léon Metchnikoff, *La civilisation et les grands fleuves historiques*, Hachette, Paris 1889, pp. xxvii-xxviii.

9 Lynn Margulis, *Symbiosis and Evolution*, in 《Scientific American》, 225, 2, 1971, pp. 48-57.

10 Pëtr A. Kropotkin, *Mutual Aid: A Factor of Evolution* (1902), trad. it. *Il mutuo appoggio. Un fattore dell'evoluzione*, elèuthera, Milano 2020, p. 37.

04 — 적자생존

1   Arthur G. Tansley, *The Use and Abuse of Vegetational Concepts and Terms*, in 《Ecology》, 16, 3, 1935, pp. 284-307.

2   *Ibid.*

3   H. Bernard D. Kettlewell, *Selection Experiments on Industrial Melanism in the Lepidoptera*, in 《Heredity》, 9, 1955, pp. 323-342.

4   4. Noah M. Reid *et al.*, *The Genomic Landscape of Rapid Repeated Evolutionary Adaptation to Toxic Pollution in Wild Fish*, in 《Science》, 354, 6317, 2016, pp. 1305-1308.

5   Katharine Byrne e Richard A. Nichols, *Culex pipiens in London Underground Tunnels: Differentiation between Surface and Subterranean Populations*, in 《Heredity》, 82, 1999, pp. 7-15.

6   Menno Schilthuizen, *Darwin Comes to Town: How the Urban Jungle Drives Evolution*, Quercus, London 2018.

7   Kristien I. Brans e Luc De Meester, *City Life on Fast Lanes: Urbanization Induces an Evolutionary Shift towards a Faster Lifestyle in the Water Flea Daphnia*, in 《Functional Ecology》, 32, 9, 2018, pp. 2225-2240.

8   Kristien I. Brans *et al.*, *The Heat Is On: Genetic Adaptation to Urbanization Mediated by Thermal Tolerance and Body Size*, in 《Global Change Biology》, 23, 2017, pp. 5218-5227.

9   Sangeet Lamichhaney *et al.*, *Evolution of Darwin's Finches and their Beaks Revealed by Genome Sequencing*, in 《Nature》, 518, 2015, pp. 371-375.

10 Charles Darwin, *On the Origin of Species* (1872[6]), trad. it. *L'origine delle specie*, Bollati Boringhieri, Torino 1967, pp. 471-472.

11 Matthew Combs *et al.*, *Spatial Population Genomics of the Brown Rat (Rattus norvegicus) in New York City*, in 《Molecular Ecology》, 27, 1, 2018, pp. 83-98.

12 Matthew Combs *et al.*, *Urban Rat Races: Spatial Population Genomics of Brown Rats (Rattus norvegicus) Compared across Multiple Cities*, in 《Proceedings of the Royal Society B》, 285, 2018, 20180245.

13 Pierre-Olivier Cheptou *et al.*, *Rapid Evolution of Seed Dispersal in an Urban Environment in the Weed Crepis sancta*, in 《Proceedings of the National Academy of Sciences of the United States of America》, 105, 10, 2008, pp. 3796-3799.

14 Marc T.J. Johnson e Jason Munshi-South, *Evolution of Life in Urban*

Environments, in 《Science》, 358, 6363, 2017, eaam8327.

15 Ernst Mayr, *Change of Genetic Environment and Evolution*, in Julian Huxley, A.C. Hardy e E.B. Ford (ed.), *Evolution as a Process*, Allen & Unwin, London 1954, pp. 157-180.

16 Edmond Bordage, *Le repeuplement végétal et animal des îles Krakatoa depuis l'éruption de 1883*, in 《Annales de Géographie》, 133, 1916, pp. 1-22.

17 Stefano Mancuso, *L'incredibile viaggio delle piante*, Laterza, Bari-Roma 2018.

18 Mae K.A. Johnson *et al.*, *The Role of Spines in Anthropogenic Seed Dispersal on the Galápagos Islands*, in 《Ecology and Evolution》, 10, 3, 2020, pp. 1639-1647.

19 L. Ruth Rivkin *et al.*, *Urbanization Alters Interactions between Darwin's Finches and Tribulus cistoides on the Galápagos Islands*, in 《Ecology and Evolution》, 11, 22, 2021, pp. 15754-15765.

20 United Nations (un), *World Urbanization Prospects 2018*, New York 2019.

21 Dati da Gridded Population of the World (GPW) e Global Rural-Urban Mapping Project (GRUMP), Socioeconomic Data and Applications Center, Columbia University.

22 Kees Klein Goldewijk, Arthur Beusen e Peter Janssen, *Long-term Dynamic Modeling of Global Population and Built-up Area in a Spatially Explicit Way: hyde 3.1*, in 《The Holocene》, 20, 4, 2010, pp. 565-573.

23 Debbie Guatelli-Steinberg, *What Teeth Reveal about Human Evolution*, Cambridge University Press, Cambridge-New York 2016.

24 George H. Perry *et al.*, *Diet and the Evolution of Human Amylase Gene Copy Number Variation*, in 《Nature Genetics》, 39, 2007, pp. 1256-1260.

25 Richard P. Evershed *et al.*, *Dairying, Diseases and the Evolution of Lactase Persistence in Europe*, in 《Nature》, 608, 2022, pp. 336-345.

26 Todd Bersaglieri *et al.*, *Genetic Signatures of Strong Recent Positive Selection at the Lactase Gene*, in 《The American Journal of Human Genetics》, 74, 6, 2004, pp. 1111-1120.

27 Gebhard Flatz e Hans W. Rotthauwe, *Lactose Nutrition and Natural Selection*, in 《Lancet》, 302, 7820, 1973, pp. 76-77.

28 Peter Deplazes *et al.*, *Wilderness in the City: The Urbanization of*

 식물성 도시, 피토폴리스

Echinococcus multilocularis, in 《Trends in Parasitology》, 20, 2, 2004, pp. 77-84.

29 Amber N. Wright e Matthew E. Gompper, *Altered Parasite Assemblages in Raccoons in Response to Manipulated Resource Availability*, in 《Oecologia》, 144, 1, 2005, pp. 148-156.

30 Albert Camus, *La Peste* (1947), trad. it. *La peste*, Bompiani, Milano 2000, p. 235.

31 Tom Paulson, *Epidemiology: A Mortal Foe*, in 《Nature》, 502, 7470, 2013, pp. S2-S3.

32 World Health Organization (WHO), *Global Tuberculosis Report 2022*, Geneva 2022.

33 Ian Barnes *et al.*, *Ancient Urbanization Predicts Genetic Resistance to Tuberculosis*, in 《Evolution》, 65, 3, 2011, pp. 842-848.

34 Richard Fuller *et al.*, *Pollution and Health: A Progress Update*, in 《Lancet Planetary Health》, 6, 6, 2022, pp. e535-e547.

35 Karn Vohra *et al.*, *Global Mortality from Outdoor Fine Particle Pollution Generated by Fossil Fuel Combustion: Results from GEOS-Chem*, in 《Environmental Research》, 195, 2021, 110754.

36 Alan Macfarlane, *The Savage Wars of Peace: England, Japan and the Malthusian Trap*, Blackwell, Oxford 1997.

37 Fuller *et al.*, *Pollution and health* cit.

05 — 도시의 대사

1 Patrick Geddes, *An Analysis of the Principles of Economics*, in 《Proceedings of the Royal Society of Edinburgh》, 12, 113, 1885, pp. 943-980.

2 Mathis Wackernagel e William E. Rees, *Our Ecological Footprint: Reducing Human Impact on the Earth*, New Society Publishers, Gabriola Island-Philadelphia 1996, p. 9.

3 Wafaa Baabou *et al.*, *The Ecological Footprint of Mediterranean cities: Awareness Creation and Policy Implications*, in 《Environmental Science & Policy》, 69, 2017, pp. 94-104.

4 Joseph Poore e Thomas Nemecek, *Reducing Food's Environmental Impacts through Producers and Consumers*, in 《Science》, 360, 6392, 2018, pp. 987-992.

5   Erle C. Ellis *et al.*, *Anthropogenic Transformation of the Biomes, 1700 to 2000*, in 《Global Ecology and Biogeography》, 19, 5, 2010, pp. 589-606.

6   Food and Agriculture Organization of the United Nations (fao), *The State of the World's Forests 2022*, Roma 2022.

7   Karl Marx, *Das Kapital* (1867-1894), trad. it. *Il capitale*, Editori Riuniti, Roma 1980, vol. i, p. 551.

8   Ivi, vol. iii, t. ii, p. 926.

9   Jacob Moleschott, *Der Kreislauf des Lebens* (1852), p. 40, cit. in Alfred Schmidt, *Il concetto di natura in Marx*, Laterza, Bari 1969, p. 80.

10 Marina Fischer-Kowalski e Helmut Haberl, *Sustainable Development: Socio-economic Metabolism and Colonization of Nature*, in 《International Social Science Journal》, 50, 158, 1998, pp. 573-587.

11 Abel Wolman, *The Metabolism of Cities*, in 《Scientific American》, 213, 3, 1965, pp. 178-193.

12 Herbert Girardet, *The Gaia Atlas of Cities*, Gaia Books, London 1996.

13 David Wachsmuth, *Three Ecologies: Urban Metabolism and the Society-Nature Opposition*, in 《The Sociological Quarterly》, 53, 2012, pp. 506-523: 514.

14 William R. Burnside *et al.*, *Human Macroecology: Linking Pattern and Process in Big-picture Human Ecology*, in 《Biological Reviews》, 87, 1, 2012, pp. 194-208.

15 Robert Walker *et al.*, *Growth Rates and Life Histories in Twenty-two Small-scale Societies*, in 《American Journal of Human Biology》, 18, 3, 2006, pp. 295-311.

16 Fridolin Krausmann *et al.*, *The Global Sociometabolic Transition: Past and Present Metabolic Profiles and Their Future Trajectories*, in 《Journal of Industrial Ecology》, 12, 5-6, 2008, pp. 637-656.

17 Yadvinder Malhi, *The Metabolism of a Human-Dominated Planet*, in Ian Goldin (ed.), *Is the Planet Full?*, Oxford University Press, Oxford 2014, pp. 142-163.

18 Geoffrey West, *Scale: The Universal Laws of Growth, Innovation, Sustainability, and the Pace of Life in Organisms, Cities, Economies, and Companies*, Penguin, London 2017.

19 Edward O. Wilson, *The Social Conquest of Earth*, Liveright, New York 2012.

20 Luís M.A. Bettencourt *et al.*, *Growth, Innovation, Scaling, and the Pace*

of Life in Cities, in 《Proceedings of the National Academy of Sciences of the United States of America》, 104, 17, 2007, pp. 7301-7306.

21 Luís M.A. Bettencourt, *The Origin of Scaling in Cities*, in 《Science》, 340, 6139, 2013, pp. 1438-1441.

06 — 분산된 도시

1 Ting Wei, Junliang Wu e Shaoqing Chen, *Keeping Track of Greenhouse Gas Emission Reduction Progress and Targets in 167 Cities Worldwide*, in 《Frontiers in Sustainable Cities》, 3, 2021, 696381.

2 Tom K.R. Matthews, Robert L. Wilby e Conor Murphy, *Communicating the deadly consequences of global warming for human Heat Stress*, in 《Proceedings of the National Academy of Sciences of the United States of America》, 114, 15, 2017, pp. 3861-3866.

3 Patrick E. Phelan *et al.*, *Urban Heat Island: Mechanisms, Implications, and Possible Remedies*, in 《Annual Review of Environment and Resources》, 40, 2015, pp. 285-307.

4 Tim R. Oke, *The Energetic Basis of the Urban Heat Island*, in 《Quarterly Journal of the Royal Meteorological Society》, 108, 455, 1982, pp. 1-24.

5 Urban Climate Change Research Network (UCCRN), *The Future We Don't Want: How Climate Change Could Impact the World's Greatest Cities*, Technical Report 2018.

6 해당 페이지 접속: https://hooge104.shinyapps.io/future_cities_app/.

7 Jean-François Bastin *et al.*, *Understanding Climate Change from a Global Analysis of City Analogues*, in 《PLOS One》, 14, 7, 2019, e0217592.

8 Matthew C. Fitzpatrick e Robert R. Dunn, *Contemporary Climatic Analogs for 540 North American Urban Areas in the Late 21st Century*, in 《Nature Communications》, 10, 2019, 614.

9 Elvira S. Poloczanska *et al.*, *Global Imprint of Climate Change on Marine Life*, in 《Nature Climate Change》, 3, 2013, pp. 919-925.

10 Colin J. Carlson *et al.*, *Rapid Range Shifts in African Anopheles Mosquitoes over the Last Century*, in 《Biology Letters》, 19, 2, 2023, 20220365.

11 Camila González *et al.*, *Climate Change and Risk of Leishmaniasis in North America: Predictions from Ecological Niche Models of Vector and Reservoir Species*, in 《PLOS Neglected Tropical Diseases》, 4, 1, 2010, e585.

12 Gretta T. Pecl *et al.*, *Biodiversity Redistribution under Climate Change: Impacts on Ecosystems and Human Well-being*, in 《Science》, 355, 6332, 2017, eaai9214.

13 Josep Peñuelas *et al.*, *Migration, invasion and Decline: Changes in Recruitment and Forest Structure in a Warming-linked Shift in European Beech Forest in Catalonia (NE Spain)*, in 《Ecography》, 30, 6, 2007, pp. 829-837.

14 Leif Kullman, *Rapid Recent Range-margin Rise of Tree and Shrub Species in the Swedish Scandes*, in 《Journal of Ecology》, 90, 1, 2002, pp. 68-77.

15 Grant P. Elliott, *Treeline Ecotones*, in Douglas Richardson *et al.* (ed.), *The International Encyclopedia of Geography*, John Wiley & Sons, Chichester 2017, pp. 1-10.

16 Xinyue He *et al.*, *Global Distribution and Climatic Controls of Natural Mountain Treelines*, in 《Global Change Biology》, luglio 2023, 10.1111/gcb.16885.

17 Alan Buis, *Too Hot to Handle: How Climate Change May Make Some Places Too Hot to Live*, nasa's Jet Propulsion Laboratory, 9 marzo 2022.

18 18. Chi Xu *et al.*, *Future of the Human Climate Niche*, in 《Proceedings of the National Academy of Sciences of the United States of America》, 117, 21, 2020, pp. 11350-11355.

19 Colin Raymond *et al.*, *The Emergence of Heat and Humidity Too Severe for Human Tolerance*, in 《Science Advances》, 6, 19, 2020, eaaw1838.

20 Daniel J. Vecellio *et al.*, *Evaluating the 35 °C Wet-bulb Temperature Adaptability Threshold for Young, Healthy Subjects (psu heat Project)*, in 《Journal of Applied Physiology》, 132, 2, 2022, pp. 340-345.

08 — 나무가 우거진 거리

1 Raymond Williams, *Keywords: A Vocabulary of Culture and Society*, Oxford University Press, New York 2015[3], p. 164.

2 Omero, *Odissea*, Utet, Torino 2001, p. 379 (x 302-303).

3 George Perkins Marsh, *The Study of Nature*, in 《Christian Examiner》, 68, 1860, pp. 33-62: 24.

4 Lisa Zaval e James F.M. Cornwell, *Effective Education and Communication Strategies to Promote Environmental Engagement*, in 《European Journal of Education》, 52, 4, 2017, pp. 477-486.

5 Jonas Schwaab *et al.*, *The Role of Urban Trees in Reducing Land Surface*

식물성 도시, 피토폴리스

Temperatures in European Cities, in 《Nature Communications》, 12, 2021, 6763.

6 Jean-Paul Rodrigue, *The Geography of Transport Systems, Routledge*, New York 2020.

7 United Nations Human Settlements Programme (UN-Habitat), *Envisaging the Future of Cities*, World Cities Report 2022.

8 Peter Norton, autore di *Fighting Traffic: The Dawn of the Motor Age in the American City*, The mit Press, Cambridge ma-London 2011, in Hunter Oatman-Stanford, *Murder Machines: Why Cars Will Kill 30,000 Americans This Year*, in 《Collectors Weekly》, 10 marzo 2014.

9 Oatman-Stanford, *Murder Machines* cit.

10 Naiara Galarraga Gortázar, *Curitiba: Brazil's Sustainable Green Gem*, in 《El País》, 2 luglio 2023.

11 Jane Jacobs, *The Death and Life of Great American Cities*, Vintage Books, New York 1961, p. 29.

사진 출처

01 H.S. Photos / Alamy Foto Stock.

02 © FLC.

03 © FLC.

04 ART Collection / Alamy Foto Stock.

05 Granger / Bridgeman Images.

06 Biblioteca Nazionale Centrale di Firenze.

07 © British Library Board. All Rights Reserved / Bridgeman Images.

08 Tavole tratte da Charles Darwin, *The Variation of Animals and Plants under Domestication*, D. Appleton and Company, New York 18842 , vol. i, pp. 144, 147, 152, 154, 157, 160.

09 Shutterstock.

10 Library Book Collection / Alamy Foto Stock.

11 Penta Springs Limited / Alamy Foto Stock.

12 Immagine tratta da Richard Bradley, *A Philosophical Account of the Works of Nature*, Mears, London 1721, tav. xxv.

13 Classic Image / Alamy Foto Stock.

14 Immagine tratta da Jonathan Dubois e Pierre-Olivier Cheptou, *Competition/Colonization Syndrome Mediated by Early Germination in Non-dispersing Achenes in the Heteromorphic Species Crepis sancta*, in 《Annals of Botany》, 110, 6, 2012, pp. 1245-1251.

15 iStock by Getty Images.

16 Universal History Archive/UIG/Bridgeman Images.

17 Gemini 3.

18 Immagine tratta da Alexander K. Johnston, *The Physical Atlas: A Series of Maps & Notes Illustrating the Geographical Distribution of Natural Phenomena*, William Blackwood & Sons, Edinburgh-London 1848.

19 The Glacier Photograph Collection, National Snow and Ice Data Center.

20 Rielaborazione grafica da Chi Xu *et al.*, *Future of the Human Climate Niche*, in 《Proceedings of the National Academy of Sciences of the United States of America》, 117, 21, 2020, pp. 11350-11355.

21 Luca Sgualdini / Getty Images.

22 Niday Picture Library / Alamy Foto Stock.

23 The History Collection / Alamy Foto Stock.

24 Wikipedia.

25 mybestplace.